韓国の
FTA戦略と
日本農業への
示唆

柳 京熙・吉田 成雄 編著

筑波書房

はしがき

　本書は2009年12月に刊行した柳京煕・姜暻求著『韓国園芸産業の発展過程』筑波書房と2011年中に刊行予定の『地域総合センターとしての韓国農協』（仮題）との３部作の第２作に当たる。

　日本においてはこれまで韓国農業研究はマイナーな位置づけにあったと思う。卸売市場や総合農協といった日本と類似した農業生産や流通構造であるために、日本の研究者にとって韓国農業はそれほど学問的探求欲を刺激し研究努力が注がれるほどの魅力はなかっただろう。また日本の研究者の頭の隅には韓国農業について常に「分かっている」との錯覚があったかもしれない。

　なぜなら編著者である柳の個人的な体験として、2010年から日本で大きな問題として騒ぎになっているTPP（環太平洋パートナーシップ協定）について、これほど韓国についての間違った情報が一気に報道や政府作成文書として流れた記憶がないからである。しかしながら誰一人、その点についての誤りを指摘する研究者が日本にいなかったことも驚きであった。すぐ隣の国でありながら、日本には韓国農業の専門家を称する研究者がこれほどいないことがやっと分かったのである。したがって柳はこの度、急遽かなり無理をする形であったが本書を刊行すべきであると意を決した。この刊行の構想は正確に言えば2010年12月24日から2011年１月９日に緊急に実施した韓国調査出張の時に思いついたことである。それから２カ月足らずの時間で本書を書き上げたが、今思えば大変なことであった。もちろんこれほど短時間で完成できた背景には、原稿依頼を快く引き受けて頂いた韓国の研究者の協力があったからである。

　当初、本書は韓国農業を体系的に捉えたいという目的で書いたものであるが、日本の現状を考慮して、FTA（自由貿易協定）を急速に進めた韓国の農業の現実を日本に正確に伝えることが重要であると判断したことから若干

の方向転換を行った。本書は、序章・終章を含め、8章（1補論）から成っている。

　FTAを先行する過程での韓国農業の政策的転換と、それに伴う農業生産の構造変化、また品目別の農産物の生産と需給の構造を明らかにした。品目は第1作の『韓国園芸産業の発展過程』で韓国園芸生産全般を網羅したため、本書では園芸以外の米、肉牛、酪農、養豚、養鶏（卵）を取り上げ、分析を行った。またFTAを先行した韓国農業の現実を日本に正確に伝えるために、これまでの韓国のFTA戦略および、韓・チリ、米国、EUとのFTA交渉の経過とその結果を詳細に分析した。またFTA交渉については韓国の特殊な事情がその背景にあるために、必要に応じて政治、文化的特徴を交えながら分析を進めた。その意味で、前半のFTA分析と後半の品目分析には必ずしも緻密な論理的整合性があるわけではない。この点については編著者としての力量不足を切実に痛感しているところである。読者諸賢の忌憚のないご批判を頂ければ幸甚である。また本書に関わるすべての批判や責任は編著者代表である拙者が負いたい。

　以上が拙著の簡単な概要である。当初掲げた課題に適切な答えを出すことができたか否か、はなはだ心許ないところもあるが、韓国農業を体系的に捉えるという目的にはある程度答えを出せたという自負はある。

　最後に、日本の農業を一層発展させていく知恵を拙著から汲み取っていただければ、なによりの幸せである。それが日本で研究生活を続けている韓国人である拙者の願いでもある。

　なお、本書の刊行に当たってJC総研から研究成果物刊行のための助成を受けたことを記しておく。

2011年3月

編著者代表　柳　京　熙

■目次■

はしがき　iii

序章　課題と構成 1
1. 課題設定 1
2. 本書の構成 4

第1章　農産物自由化下の韓国農業政策の展開過程 7
1. 農産物自由化下の韓国農業政策の転換 8
   1) 農産物自由化への攻勢　8
   2) 国内農業の再編と専業農育成　10
   3) 農産物自由化の新たな段階　14
   4) 自由貿易協定（FTA）の推進　16
2. さらなるFTA推進と大企業による集中と選択 17
   1) 李明博政権の農政基調　19
   2) 農業先進化の主要内容　21
   3) 2項対立的政策路線と争点　22

第2章　FTAによる自由化路線への転換と世論の変化 27
1. 韓・米FTA締結 28
2. 韓国のFTA政策の特徴 29
   1) 韓国政府のFTAへの取り組み　29
   2) 韓国政府のFTA戦略　31
   3) FTA推進体制　33
3. 韓・米FTAによる農業への影響 35
   1) 韓国政府の事前試算　35
   2) 一般均衡モデルによる試算　38
   3) 部分均衡モデルによる試算　40

4．国内世論の変化と農業部門の交渉過程 …………………………………… 42
　　1）農業自由化への国内世論の変化　　43
　　2）韓・米FTA交渉　　47
　　3）農業部門の妥結内容　　51
　5．政策的対応と世論の動向 ……………………………………………………… 53
　　1）農業農村総合対策（総合対策）　　53
　　2）農業保護への批判　　54
　　3）世論の急速な農業離れ　　57

第3章　FTA協定を巡る社会・経済的影響とその示唆点 …… 69
　1．韓・米FTAがもたらした米国産牛肉の輸入再開 ………………………… 69
　　1）輸入再開に対する世論の変化　　69
　　2）牛肉輸入再開に向けての交渉経過　　70
　　3）世論の変化と政府の説明責任の不在　　73
　　4）世論の変化と政府支持率の急転　　74
　2．牛肉輸入再開がもたらした諸問題 …………………………………………… 76
　3．韓・チリFTAの現状と示唆点 ………………………………………………… 77
　　1）韓・チリFTAの締結過程　　77
　　2）韓・チリFTA締結内容　　80
　　3）韓・チリFTA対策　　83
　4．FTA発効後の経済状況と農産物輸入 ………………………………………… 85
　5．韓・EU FTAの締結内容と被害予測 ………………………………………… 87
　　1）韓・EU FTAの意義　　87
　　2）韓・EU FTAの妥結内容　　89
　6．農業部門の締結結果と今後の予測 …………………………………………… 92

第4章　韓国農業の構造分析 ……………………………………………… 97
　1．韓国農業の現状 ………………………………………………………………… 97

1）韓国の食料自給率と農業生産　98
　　　2）韓国における農耕地の現状　99
　　　3）韓国の農家人口　101
　2．農家経済の現状 ……………………………………………………………… 104
　3．農地賃貸借と作業委託の現状 ……………………………………………… 108
　4．韓国農業における担い手の現状 …………………………………………… 113

補論　農産物市場自由化下の韓国農業の真の姿 …………………………… 117
　1．韓国農業改革への119兆ウォン（約9兆円）の中身とは ……………… 118
　2．「選択と集中」政策は成功したのか（自由化対策は成功したのか）…… 119
　3．自由化を進める韓国の政治・経済的背景 ………………………………… 124
　4．産業として農業は残るが、生きる場として農村は消える ……………… 125
　5．韓国農業が日本農業に与える示唆点 ……………………………………… 128

第5章　韓国における米の位置づけと需給構造 …………………………… 131
　1．韓国農業における稲作政策の特徴 ………………………………………… 131
　2．韓国における稲作の現状 …………………………………………………… 134
　　　1）栽培面積の現況　134
　　　2）10a当たり米生産量　135
　　　3）10a当たりの所得の変化　137
　3．米消費量の変化と需給構造 ………………………………………………… 139
　4．韓国の米生産の将来展望 …………………………………………………… 142

第6章　韓国における肉牛・原乳の需給構造 ……………………………… 145
　1．畜産部門の予算執行から見た畜産政策 …………………………………… 146
　　　1）畜産部門の予算支出　146

2）畜産物流通改善事業　　149

　　　3）需給安定政策　　151

　　　4）畜産物技術普及（改良事業）　　152

　2．牛肉の需給構造……………………………………………………………153

　　　1）生産状況　　153

　　　2）牛肉供給と価格形成　　156

　3．流通政策の転換と流通構造…………………………………………………161

　　　1）流通政策への転換　　161

　　　2）流通機構の再編　　162

　4．酪農生産の転換と原乳の需給構造…………………………………………166

　　　1）酪農政策の転換　　166

　　　2）生産状況　　170

　　　3）原乳需給と消費構造　　171

　　　4）価格形成　　173

　　　5）等級制度による品質改善　　174

　5．今後の展望……………………………………………………………………175

第7章　韓国における養豚・養鶏（卵）の生産と需給構造………177

　1．養豚の需給・消費構造の現状………………………………………………178

　　　1）養豚農家への支援状況　　178

　　　2）養豚生産の現状　　179

　　　3）豚肉流通と消費構造　　181

　2．豚肉の価格形成と需給変動…………………………………………………184

　3．豚肉輸出と国内価格形成への影響…………………………………………186

　　　1）豚肉輸出の展開　　186

　　　2）輸出促進の政策的支援　　188

　4．対日輸出の取り組み事例……………………………………………………191

　　　1）調査対象施設の概要　　191

         2）対日輸出とその後の動向　193
　5．養鶏の生産・流通・消費構造 195
         1）養鶏の生産構造　195
         2）価格形成の推移　197
         3）輸出入の現状　199
　6．豚肉・養鶏部門の今後の展望 201

第8章　北東アジアにおけるFTAの行方と農業 203
　1．日・中・韓の農産物貿易 205
         1）3国間の貿易比重の低下　205
         2）野菜と加工食品　207
　2．日・中FTAが韓国経済・農業に与える影響 208
         1）韓・中FTAの影響　208
         2）韓・日FTAの経済的効果　210
         3）日・中・韓FTAの経済的効果　212
　3．日・中・韓のFTA戦略の特徴 213
         1）韓国のFTA戦略　214
         2）中国のFTA戦略　215
         3）日本のFTA戦略　217
　4．東アジアを取り巻く新たな政治・経済の動向 218
         1）韓・日FTAの必要性　218
         2）日・中・韓FTA戦略の「実」と「虚」　219
　5．北東アジアのFTAの行方 222

終章　総括と展望 225
　1．総括 225
　2．韓国農業の行方 228

3．韓国の現実から何を学ぶべきか－展望に代えて……………………………… 229

あとがき………………………………………………………………………………… 233

序章

課題と構成

1．課題設定

　日本の内閣官房が公表した「包括的経済連携に関する検討状況」(2010年10月27日）のうち「(4)我が国がTPP（環太平洋パートナーシップ協定、以下、TPP）に参加した場合の意義と留意点」に次のような指摘がある。
　その一部を要約すると、分野によりプラス・マイナスはあるが、全体としてGDP（国内総生産）は増加するとし、参考として「実質GDP0.48％〜0.65％増（2.4兆〜3.2兆円程度増）」が期待されるとする具体的な数値を提示している。
　また「韓米FTAが発効すれば日本企業は米国市場で韓国企業より不利に。TPP参加により同等の競争条件を確保」できるとしている。
　さらに「日本がTPP、EUと中国とのEPAいずれも締結せず、韓国が米国・中国・EUとFTAを締結した場合、自動車、電気電子、機械産業の3業種について、2020年に日本産品が米国・中国・EUで市場シェアを失うことによる関連産業を含めた影響試算（経済産業省試算）」を紹介し、「2020年の実質GDP1.53％減（10.5兆円程度減）この内米国市場関連1.88兆円程度減[1]」と予想した。
　このような負の影響に対し、正の影響は、「TPPがアジア太平洋の新たな

---

[1] 日本のTPP参加により、中国、EUとのEPA締結にプラスの影響があるとの仮定に基づき試算。

地域経済統合の枠組みとして発展していく可能性あり。また、TPPの下での貿易投資に関する先進的ルールが、今後、同地域の実質的基本ルールになる可能性あり（カナダ、韓国、その他のASEAN諸国にも拡大する可能性）」とし、「TPP交渉への参画を通じ、できるだけ我が国に有利なルールを作りつつ、アジア太平洋自由貿易圏（FTAAP）構想の推進に貢献」できるが、「逆にTPPに参加しなければ、日本抜きでアジア太平洋の実質的な貿易・投資のルール作りが進む可能性」があるとしている。だが、中国と韓国が未だ正式に参画を表明していない段階では北東アジアにおける経済統合の実現を抜きに、このTPP交渉がうまく進展するという可能性を即断することなどとてもできない。さらに参加しない場合のマイナスの側面を指摘し、まるで日本がTPPに参加しない場合、アジア太平洋の経済ルールづくりが日本抜きで進むとの警戒感を示しているが、これこそ日本の経済の実力を過小評価しているのではないかと考える。

　負と正の側面いずれの指摘においても日本が北東アジアひいては世界経済における主体的な役割を日本という国家自らが自覚していないような表現ばかりである。

　最後にTPPに参加することで「WTOドーハ・ラウンドを先取りし、日本企業の貿易・投資活動に有利なルールの策定に貢献し得る。」としているが、具体的に関税率を下げれば国際競争力がある部門において韓国などの競合国との競争を勝ち抜くことができ、日本の経済成長が維持されるという論理は非常に短期的でなおかつ楽観的な見通しにすぎない。貿易での競争力を持つことにより、それが国内にどのような影響、すなわち短期・長期的な面の国内雇用への影響があるかなどをしっかり試算・検討したうえで判断すべきである。同時に大きな影響を受けると予想されている農業などの部門については、それが単純に短期的に供給の減少につながるということだけでなく、長期的に農業生産の後退がどの程度、またはどの範囲で起きるかについても考察する必要がある。

　以上のように、日本のTPPへの参加を正当化するための政府の論理は非

常に乏しいものだと言わざるを得ない。筆者は日本のTPP参加は選択の問題ではないと考える。TPP参加なしであっても現在の国際関係のパワーバランスを変えるという意志がないとすれば、これは経済的理由というよりも政治的理由によって左右される性質のものである。そうであるならば参加する以前に世論の動向を注視しながら反対勢力を説得する作業をしなければならないが、今の政治体制ではその作業さえ困難にみえる。したがって問題とすべきことは、TPPに参加した後の日本の対応策について十分な議論が行われない可能性が高いことである。

韓国の状況を参考にするというならば、如何にして国内世論を操作し、また左派政権と呼ばれた盧武鉉（ノ・ムヒョン）政権が自らの支持基盤の反対をも断ち切り、「国益」とされるFTAの選択をしたのかということに焦点を合わせて分析すべきである。

筆者から見ると日本が国際貿易において、韓国との競合関係にある自動車、電子製品などの競争力を確保するために、といった論理展開は非常に貧弱な論理構成であり、まるで財界の要望がイコール国益であるという認識を露出した幼稚な発想にすぎない。

このようなことを気にしているためか、TPPによって一番被害を受けると予想される農業部門については韓国の農業改革を例に取り改革の必要性を謳いながらも一方で農業支援について一定の配慮をチラつかせている。

しかし、筆者の個人的な考えとして、これらの一連の動きを「財界VS農業部門」という単純な２項対立的な論理にもっていくつもりはない。ただし「GDPの増加」→「犠牲になる領域への限定付き予算措置」→「より高い国民の経済厚生の実現」、という単純な図式で片付けてもよいかについてはさらに議論を深めていく必要がある。

内閣官房の資料はもちろんのこと、最近の日本の主要日刊紙などはこぞって韓国の農業改革を称えながら、FTA（EPA）の遅れに苛立ちを隠さない。またこれら日刊紙は歩調を合わせたかのように、日本と概ね同様な条件であったにも関わらず、日本とは対照的に農業を犠牲にしながらFTAを推し進め

ている韓国の政策を高く評価しているようにさえみえる。

しかし日本より先行した韓国の政策が上記の図式のように進行しているかというと、評価は分かれる。すなわち、同じ図式の論理でFTAを進めた韓国農業は、FTAの影響が本格化する以前に、すでに自由化の影響で大きな被害を受けているからである。韓国の農業政策を論じる前に、もっと細心な注意を払いながら農業構造問題を考察すべきであると筆者は考える。

したがって本書では目先の政策のみに焦点を合わせ断片的な情報が錯綜する現状に対し、韓国の農業構造分析を行い、自由化によって農業の状況がどう変わり、またFTAによってさらにどのような方向に進もうとしているのか、という観点からきちんとした形で自由化の影響について論じることにしたい。

そのために、まず、自由化が本格化した1990年以降の韓国農業政策を概観し、韓国農業の現状とその行方について考察を行いたい。

2．本書の構成

本書では、自由化以降の韓国農業に焦点を合わせ、その現状を明らかにするために、次の構成をとった。

第1章では、自由化以降から現時点（2011年）に至るまでの韓国の歴代政権の農業政策を概観し、とくにFTA交渉を本格化した政治・経済的背景について検討する。とくに1990年代以降、莫大な政策資金を投入し、強く推し進めた構造改善事業の政策的特徴とその成果について検証を行う。自由化対策として推し進めた構造改善事業がなぜ思わしくない結果で終わってしまったかについて考察を行う。

第2章では、一層の農産物自由化が進む中で、韓国政府はどのようにFTAを捉え、またFTA政策の中で農業をどのように位置づけたのかについて考察を行う一方、FTA交渉の一番の目玉であった韓・米FTA妥結に至る韓国のFTA戦略とその性格について概観し、効率的なFTA交渉のために大

序章　課題と構成

きな変革を行った政治体制の特徴について考察を行う。また交渉結果が農業に与える影響について分析を行う。

　第3章では第2章の考察を踏まえつつ、米国からの牛肉輸入を巡る国民的な反対デモの実態、そして2010年12月に最終妥結に漕ぎ着けた韓・EU FTAの交渉結果と韓・米FTAとの比較を行うと同時に具体的な交渉内容と、それに伴う国内対策について明らかにしたい。また韓・チリFTAを除いて、まだその影響が顕在化していない韓・米FTA、韓・EU FTAについて既存の文献に依存しながら予測を行う。また韓国の最初のFTAとして2004年から発効している韓・チリFTAの内容と現状についても考察を行う。

　第4章では、第1章の農業政策が農業構造にどのような影響を与えてきたのかについて考察を行う。一部大規模農家の出現や輸出促進など韓国農業の一面だけを取り上げて議論を行っている日本のマスコミの現状を批判的に捉え、概観ではあるものの農業構造分析を試み、韓国農業の全貌を明らかにしたい。

　第5、6、7章では、生産構造分析を品目別に分け、まず第5章では稲作農業を対象に、その生産構造分析とともに、需給分析を行う。FTA交渉において除外されているものの、市場開放化に向けた流れが着実に進んできている米生産の問題などを明らかにしたい。

　第6章では、牛肉・酪農部門を対象に、第5章と同じく、構造改善事業に伴う投融資の状況を概観し、それを受けた牛肉・酪農の需給構造の変化を明らかにする一方、FTAによって予想される被害状況についても述べたい。

　第7章ではFTAの影響を受けながら、一方で輸出奨励部門である養豚・養鶏の生産・流通状況を明らかにし、FTAに向けた対応策について詳細に分析を行いたい。

　第8章では日本においてTPP参加への議論のみが先行する中、北東アジアにおける経済統合への可能性を検討し、日・中・韓FTAが持つ政治・経済的意味を吟味することで、韓国のみならず日本が進むべき方向性について展望する。

5

終章では、以上を総括し、韓国のFTA戦略とそれに伴う農業部門への影響を再度検討し、韓国の農業改革はどのような性格のものであったのか、またそれが日本に示唆するものとは何かについて述べたい。最終的に韓国農業改革が持つ限界を明らかにしたことで、TPP交渉への参加を政府が進めようとしている日本が韓国から学ぶべき点は何か、また韓国農業に生じたことを教訓としてこれからの日本が取るべき農業戦略についての検討を行う。

第1章
農産物自由化下の韓国農業政策の展開過程

　工業化による経済成長を優先してきた韓国において、1970年代半ばまでの農政は食糧の増産に主眼をおいていた。その後、農家の所得向上や農工間の所得格差の是正に移り、その一環として園芸農産物の奨励も位置づけられた。その後、経済発展に伴い、食糧問題は1970年代半ばになるとほぼ改善され、畜産および園芸部門においても、複合営農および畜産の奨励、ハウス栽培技術の普及によって大幅な増産を見せたが、流通政策が遅れたため、野菜と豚肉価格が乱高下を繰り返し、農家の負債問題、流通問題が新たな問題となった。

　1980年代前半は、一連の政治的不安から一時期マイナス成長を余儀なくされるが、その後、経済が回復し、1986年から高い成長率と国際収支の改善を背景に、経済政策が政府主導型市場保護から民間主導型市場開放へと大きく転換した。一方、農業政策では、米穀増産および価格支持政策が実施され、農業所得が増大し、畜産・園芸奨励により園芸、畜産業が大きく拡大した。しかし、野菜類と畜産物においては、価格の乱高下により、生産者の負債が増加したことから、農業政策に大きな批判が集まった時期でもあったが、農政に大きな転機をもたらしたのは、1989年にGATT（関税および貿易に関する一般協定、General Agreement on Tariffs and Trade）特恵国から除外されたからである。続いてGATTウルグアイ・ラウンド（以下、ガットUR農業交渉と略す）の妥結、そしてFTAの推進など、農業改革は韓国経済のグローバル化、すなわち自由化への段階が移る度に大きく変わっていった。

　政府は、グローバル化時代の農政として「新農政」を標榜し、国民のコン

センサスを後ろ盾に、農業・農村構造改善へ莫大な予算を投入し、生産基盤および物流の改善・整備を図った。そのうち、園芸や豚肉の場合、品質の大幅な向上と収穫後の品質保持技術の普及により、良質な農産物を国内消費者へ提供するだけでなく、輸出部門として成長してきた。したがって農業の先進化の尺度として輸出が一つの指標として認知されるようになり輸出戦略が新たな農業改革の目玉として強調されるようになった。

これら一連の農業政策の定着のために、農業予算を増やし、特定の部門や専業農育成といった選択と集中を基調とする投融資を行うなど、これまでの農政とは一線を画すような大胆な政策転換が次から次へと講じられている。

本章では、韓国農業政策の現状と今後の動向を明らかにするために、貿易自由化への本格的な対応が求められた韓国政府が、自由化時代の農政として「守る農業から攻めて守る農業への転換」を行う際、最も重点的に行った政策を中心に概観する。

1. 農産物自由化下の韓国農業政策の転換

1）農産物自由化への攻勢

政府は、輸入自由化を念頭に置きながら、その対応策として、国内の農産物の国際競争力を高めるために、3回にわたる農業構造転換政策を実施した。直接的な契機となったのは1988年に開催された「韓米通商協議」である。米国はこの協議において韓国に農産物自由化を強く迫り、韓国側は1989～1991年までの3カ年間の「輸入自由化例示計画」を発表するに至った。その背景としては図1-1に示されているように、韓国は1986年から国際収支が黒字に転換しており、その多くが米国との貿易で達成していたからである。したがって1989年から順次243品目に及ぶ農産物の市場開放が決まったのである。それは韓国との貿易収支上、赤字が続いた米国政府の強い圧力に屈した結果でもあった。このような本格的な市場開放に対し、韓国政府は1989年4月に「農漁村発展総合対策」を発表した。同対策の中核的課題は、農産物市場開

第1章　農産物自由化下の韓国農業政策の展開過程

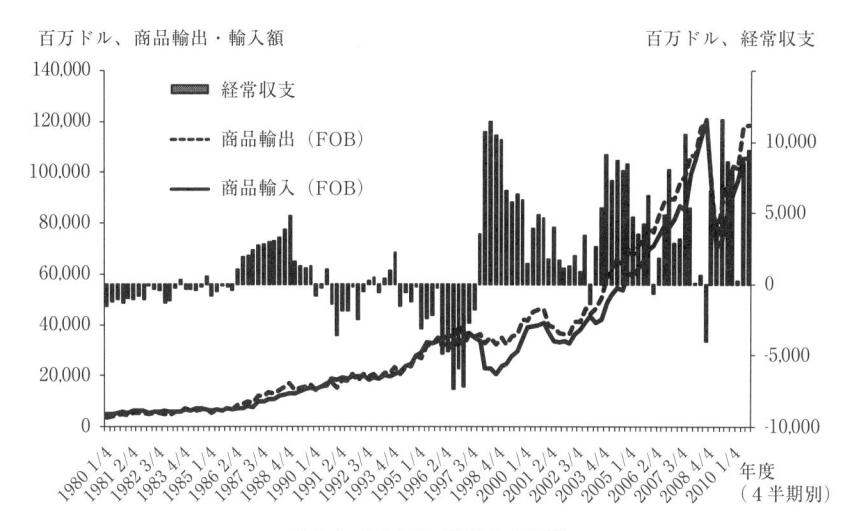

図1-1　韓国の国際収支の推移

資料：韓国統計庁国家統計ポータルサイト（http://www.kosis.kr/index/index.jsp）
元資料：韓国銀行経済統計局

放に対応した農業構造の改善を狙うことに焦点を合わせ、本格的な商品生産を志向する「専業農」を育成するために、営農規模を拡大し、技術革新による国際競争力を高めることに重点が置かれた。具体的な対策として、①農地流動化の促進に伴う規模拡大を順調に進めるために「農漁村振興公社」の設立、②「専業農」の規模拡大を支援するための農地基金設立、③「専業農」中心の農業人材開発、④農地長期賃貸借制度の開発、⑤営農組合法人および委託営農会社の育成、⑥農業振興地域の指定、⑦農林漁業構造改善基金の設置、⑧農外就業促進、⑨農漁民年金制度、の実施など「専業農」を中心とした農業構造改善事業を行うためのほとんどの対策が網羅された。他に農村定住圏の開発、農産物加工業の育成、豚肉および園芸農産物の輸出促進を主な施策として提示した。

　第2回目の構造改善政策は、GATT・BOP（Balance of Payment）委員会が、1990年1月をもって韓国を輸入制限国から除外したことを受けて、翌

年の1991年に打ち出された「農漁村構造改善対策」である。この対策は、前回の政策をより具体化するために「農漁村構造改善特別会計」を新設し、1992〜2001年にかけて農漁村構造改善に新たに42兆ウォン（日本円に換算して約3兆円[1]）を投資するという内容である（「42兆計画」と略する）。

2）国内農業の再編と専業農育成

　1993年2月に発足した金泳三（キム・ヨンサム）政権は、同年7月に「新農政5カ年計画」を発表し、従来の農業政策とは異なる、自由化時代の農政（「新農政」）を標榜した。「新農政」が従来の農政と抜本的に異なる点としては、①生産→加工・流通（資本による系列化で効率化を図る）→輸出、という形で農業を産業として捉え、まず流通施設などのハード事業の整備に取り掛かった、②大統領の諮問機関として「農漁村開発委員会」を設立し、農政にかかわる行政を、縦割り行政から横割り行政へ転換しようとした、③「守る農業から攻める農業」への転換を目指した点が挙げられる。そのうち、「攻める農業」の核心は、農産物市場開放を前提に今後10年間を農漁村構造革新の時代と規定し、積極的に構造改善事業を進めるとしたことである。そのうち、農産物輸出は重要な政策であり、日本向け輸出に向けての対策が取られた時期でもあったことは周知のとおりである。すなわち「新農政」は一層の農業生産性向上を促す新たな構造改善事業であり、そのために、42兆ウォンの投融資事業計画を予定より3年前倒しにして1998年まで完了することを決めるなど農業改革を急いだ時期である。

　こうした「新農政」の具体的な計画（新農政5カ年計画）は、1993年12月に妥結したガットUR農業交渉と、1995年1月にスタートした世界貿易機関（以下、WTO）体制下での国内農業の生き残りをかけた農業改革の性格を有していた。その結果、1994年3月24日に農漁村の競争力強化、農漁村産業基盤施設の拡充および農漁村地域開発事業に必要な財源を確保することを目的

1　本章の中に、韓国の貨幣単位であるウォンが度々登場するが、最近の円高の影響から韓国の1,000ウォン≒73円（2011年2月1日時点で）程度である。

第 1 章　農産物自由化下の韓国農業政策の展開過程

とした国税である「農漁村特別税」（以下、「農特税」と略す）が導入され、農業部門への財政的な支援が具体的に施行されるようになったのである（1992～1998年の間に「42兆計画」＋「農特税」＝52兆ウォン投入が決まった）。

　農業・農村への短期の集中的な投融資（期間中の実施額52兆3,000億ウォン）は、大きなインパクトを与えた。とくに「42兆計画」は、3つの分野（競争力強化、生活環境改善、福祉増進）のうち、競争力強化分野に多くの投融資が行われ、投融資額の約60％と「農特税」のほとんどがこの分野に重点配分された。その結果、生産施設および流通施設の抜本的な改善に取り組めるようになった。同時に担い手についての改革も推し進められ、2004年まで15万戸の「専業農」と、それを補完する組織経営体が担い手の中核として想定され、育成することを決めた。したがって1994年12月に「農地法」が改正され、農業者以外に農業会社法人が農地を所有できるようになった。しかし「専業農」とは非常に概念的な規定であり、将来そうなることを志向する農家に過ぎなかったため、政策対象としての選定が困難であった。韓国農林部[2]は年度内の予算処理のために、分野ごとに予算配分の割り当てを決め事業を進めざるを得なくなり、結果的に園芸分野や畜産の養豚分野などが成長潜在力と国際競争力のある部門として見なされ、施設の近代化、輸出支援、物流近代化をワンセットとしてできる限り多くの予算を集中的に配分・支援するようになった。結果的に、野菜の場合は露地の灌水施設整備拡充、選別・低温倉庫建設、ガラス温室を始め施設の近代化に莫大な予算が投入され、品質の向上と輸出基盤が確立する礎となったとはいえ、投融資を受けた生産者の破綻による施設運用問題や負債問題が新たな問題として登場するようになった。また、この時期に新たな成長作物として切花が政策的に導入された。切花は主にガラス温室で生産されるが、「花卉系列化事業」によって小規模生産体制から20ha以上の大規模生産へ移行し、種苗の生産から収穫・選別・輸出

2　韓国行政機関であり、日本の農林水産省に当たる。1986年に農水産部から農林部に、2008年に農林部から農林水産食品部に度々改編された。本書では混乱を避けるために「韓国農林部」と統一した。

図1-2　農業生産額の推移

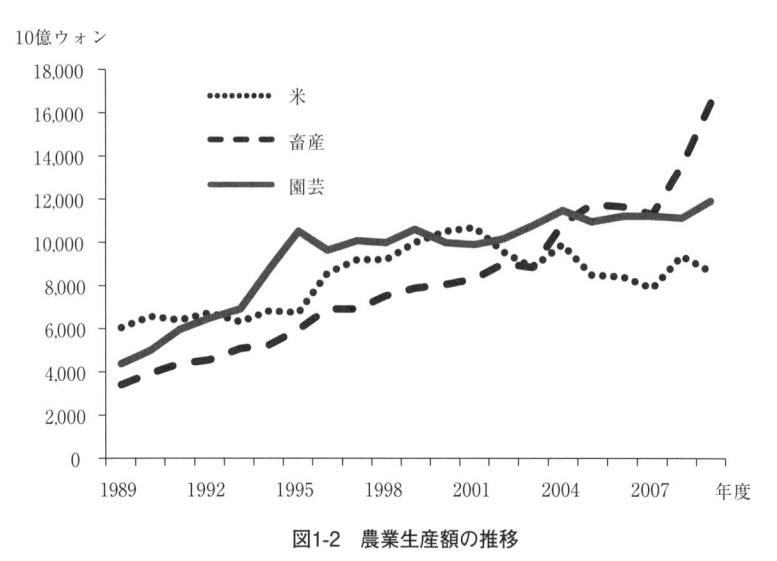

資料：韓国農林部「農林業生産指数」各年度

まで系列化が図られた。輸出の際には輸出補助金の性格が強い物流経費の一部補填が行われた。その結果、この時期から園芸分野の生産額が米の生産額を超えることになった（**図1-2**）

　1994年に開始された「専業農」15万戸育成計画は1996年に一部修正され米作6万戸、畜産3万戸、園芸3万戸となり、合わせて12万戸育成計画となった。

　「専業農」への資金支援は1994年まで全額国庫融資で1戸当たり平均5,000万ウォンが支援された。1995年からは「米作専業農」と「その他の専業農」に分け、前者に補助50％、融資40％、自己負担10％の条件で機械購入資金が支援され、後者には融資70％、自己負担30％が基本となった。専業農として支援を受けた農家戸数は1992～98年まで7万3,348戸、金額として2兆ウォンを超えている。同時期に「その他の専業農」として支援を受けた農家戸数は8,131戸、およそ4,000億ウォンとなっているものの当初、支援基準の問題で多くの場合、米作農家が複合経営として園芸や畜産を営むときにも支援を

第1章　農産物自由化下の韓国農業政策の展開過程

表1-1　専業農育成のための経営支援の推移（後継者対策）

単位：百万ウォン

区分	2003	2004	2005	2006	2007	2008	累計
人数	1,910	1,125	1,050	1,044	1,507	1,705	128,635
支援金額	96,000	80,000	80,000	70,000	83,000	88,000	2,608,630
平均/人	50.3	71.1	76.2	67	55.1	51.6	19.8

資料：韓国農林部資料より作成。

表1-2　農地流動化実績

事業別	年度	予算	実績		
			件数	面積	金額
		百万ウォン	戸数	ha	百万ウォン
農地賃貸借	1990〜98	985,006	26,796	24,399	382,983
	1999	116,525	8,120	6,324	116,525
	2000	114,997	7,220	5,655	114,997
	2001	131,800	6,052	4,809	131,800
	2002	88,610	4,179	3,682	88,610
	2003	140,151	6,130	5,678	140,151
	2004	121,505	6,544	5,507	121,505
	2005	183,891	9,428	7,892	183,891
	2006	145,857	8,814	6,538	145,857
	2007	127,308	6,019	5,058	127,300
	2008	79,626	3,961	3,040	79,626
	小計	2,235,276	93,263	78,582	1,633,245
農地の交換分合	1990〜98	39,813	8,858	1,120	30,037
	1999	5,802	1,229	108	5,802
	2000	5,156	913	74	5,156
	2001	4,800	773	72	4,800
	2002	6,273	837	85	6,273
	2003	4,002	530	73	4,002
	2004	3,715	456	61	3,715
	2005	2,725	299	64	2,725
	2006	2,725	271	33	2,691
	2007	2,700	228	27	2,700
	2008	1,879	199	23	1,737
	小計	79,590	14,593	1,740	69,638
合計		6,580,302	315,043	180,684	6,533,705

資料：韓国農林部農業政策局農地課資料より作成。

受けることができたので重複支援されたケースが多い。

　表1-1は、専業農とともに力を入れていた後継者確保のために行った支援状況を年度別にまとめたものであるが、1人当たり支援額は5,000〜7,000万ウォンとなっている。2008年まで支援総額は2兆6,000億ウォン、支援人数は12万8,000人に及び、いずれにせよ、韓国農業政策が「専業農」を中心に

表1-3 農地売買実績と農地購入資金の支援額

事業別	年度	予算（A）	実績		
			件数	面積	金額（B）
		百万ウォン	戸数	ha	百万ウォン
農地売買実績	1990～98	2,196,663	81,352	42,734	2,196,630
	1999	125,715	3,567	1,701	125,714
	2000	123,219	3,504	1,624	123,219
	2001	132,081	3,658	1,724	132,081
	2002	220,983	5,597	3,007	220,983
	2003	167,907	3,779	2,318	167,907
	2004	183,992	4,235	2,560	183,992
	2005	290,325	6,014	3,951	290,322
	2006	285,564	6,717	3,856	285,564
	2007	210,000	4,960	2,770	210,000
	2008	238,995	5,692	2,800	238,995
	小計	4,175,444	129,075	69,045	4,175,407
農地購入資金	1988	200,000	33,769	13,135	199,428
	1989	200,000	22,993	9,959	199,848
	1990	160,000	13,699	5,286	139,613
	1991	60,000	4,552	1,678	59,293
	1991	15,000	904	366	14,981
	1993	55,000	2,165	893	42,252
	小計	690,000	78,082	31,317	655,415

資料：韓国農林部農業政策局農地課資料より作成。

集中と選択を強め、手厚い支援を行って来たことは確かである。さらに「米作専業農」の展開に欠かせない規模拡大の促進のために、1998年から農地流動化政策を積極的に推し進めている。実績については表1-2、3を参照されたいが、農地流動化に、2008年まで累計6兆5,300億ウォンに上る莫大な予算を投入して、実績は18万haである。毎年農地転用面積が1～2万haであることを考慮に入れれば、如何に実績が乏しいかがよく分かる。さらに、こうした農地流動化を推し進める一方、規模拡大の意向がある専業農に農地購入代金の支援を積極的に行ったため、地代を大幅に上昇させる悪い結果を招いている（表1-3を参照）。地代をめぐる諸問題については第4章で詳しく論じたい。

3）農産物自由化の新たな段階

こうして農業改革を進める中、1997年11月に訪れた外貨危機は、韓国経済はもちろん農業分野にも大きな打撃を与えた。翌年の1998年2月に発足した

第1章　農産物自由化下の韓国農業政策の展開過程

金大中（キム・デジュン）政権は、これまでの「農業基本法」を大幅に改正し、1999年2月に「農業・農村基本法」と改める一方、当政権の農政の基本計画である「農業・農村発展計画」（45兆ウォン投融資計画、1994～2004年）において、「農業は生命産業であり、食料の供給と環境保全を担う産業であると認識し、グローバル化と地域化に適合する家族農業を育成する」としており、前の政権とはかなり方向性が異なる政策理念を打ち出した。しかし、このような政策転換は、必ずしも農業構造改善事業を撤回することを示すものではない。「農業・農村基本法」にも盛り込まれているように、高品質農産物の生産と農産物輸出団地の造成、海外市場開拓の支援、輸出金融制度の拡充などによる競争力のある分野への集中投資と、輸出農業の育成は引き続き実施されたのである。政権が代わっても農産物自由化下での農業政策の基本的理念までは変えられないことを意味しており、その後、このような基本的農政理念は変わることなく継承されていく。

　金大中政権期間（1998～2004）における「45兆ウォンの投融資」についての基本的考え方は、ハード事業への投融資を抑える一方で、産地流通改善や輸出促進、親環境農業の育成、農家経営の改善に投融資をシフトさせる一方、農業生産基盤整備を助成する機関の整理に着手し、既存の3つの団体「農漁村振興公社」、「農地改良組合連合会」、「農地改良組合」を統合し「農業基盤公社」として新たにスタートさせた。同時に畜産協同組合中央会を農業協同組合中央会に統合するなど、投資の重複を回避し、円滑な資源配分のための諸施策を講じた。何より前政権下で一番問題になった供給者中心の資金支援方式を需要者中心に転換し、審査・事後評価制度を強化する一方、政府補助は減らし、長期低利融資を中心とした支援方式に大きく変わった。またこの時期からFTAについて本格的な議論が行われ、本格的交渉に向けての政府方針がまとめられた。その結果、農業に影響が少ないと判断した韓・チリFTA交渉を開始することとなった。

4）自由貿易協定（FTA）の推進

　金大中政権の政策理念を受け継いで発足した盧武鉉（ノ・ムヒョン）政権はこれまでの農政について一定の批判を行い、農村地域の福祉増進と直接所得補償に目を向けるようになった。ハード事業を基本とした「専業農育成」への支援によって個別農家の生産はある程度活性化したが、それに対し、農村地域の維持が新たな問題として登場したのがその背景にある。したがって農業支援のあり方について直接支払い制度などの所得政策を中軸として据え、2004年時点で9,300億ウォンあった直接支払金を、2013年には３兆4,100億ウォンまで３倍以上増やす計画を策定した。それはかつての農業生産者の強い要望であり、それを汲み取った形で政策として実現したともいえる。

　当政権は、「農業農村総合対策」（以下、「総合対策」と略す）を策定し、2004〜2013年までの10年間で119兆ウォン（日本円に換算して約９兆円）の農業予算を投入することを決める一方、暫定的に運営している「農特税」を今後10年延長し、農業地域の福祉向上を目的とする農漁村福祉向上基金の助成などの財源を確保すると発表した。

　2003年に発足した盧武鉉政権は、選択と集中の政策基調を受け継ぎながらも零細農家の脱落や農村地域の維持問題に大きな関心を持ち、農村地域における福祉増進にも力を入れるなど、部分的な政策転換を図った。その代表的な政策が「クオリティ・オブ・ライフ（Quality of life）」である（章末の資料を参照）。しかし任期中から韓・米FTAや他国とのFTAを積極的に進める一方、交渉期間終了間際の2007年４月に大統領の強い意志によって韓・米FTAが合意に至らせたことなどを考慮に入れれば、在任中に策定した「総合対策」の基本理念を持続的に続けることは当初から考えていなかったと推測される。また盧武鉉政権は、WTOドーハ開発アジェンダ（Doha Development Agenda）/自由貿易協定（FTA）などによる農産物市場開放に対応するため、「総合対策」に国内農業の競争力を高める施策を盛り込みつつ、他方、関税撤廃によって被害が大きいと思われる分野では、「FTA履行特別法」を制定

し、「FTA履行支援基金(通称FTA基金)」を創設したが、被害を受けると予想される生産者に一時支援金を支払い、実質的にリタイアを促進するなどかつての農業構造改善事業より後退した形での零細農家の切り捨てが始まった。また都市生活水準並みの農漁村生活の向上を唱ったこの時期に農家負債が最も増加した時期であり、都市勤労者との所得格差が最も広がった時期でもある(詳しいことは第4章で詳しく論じる)。

　FTA基金は韓・チリFTAの発効を契機に2004年6月1日より実施された。これらの一連の政策動向を見ると、農村福祉政策はあくまで競争力強化の推進によって生じた弊害を部分的に改善すべく取られた後対策に過ぎず、すでに農業部門の犠牲を前提に、FTAを推し進めたことが伺える。したがって根本的な農業政策の転換までは考慮していなかったことは明らかである。結果、2008年に政権が変わり、農業政策はさらなる選択と集中の強化が開始されることとなった。

2．さらなるFTA推進と大企業による集中と選択

　盧武鉉政権後は当時野党候補であった李明博(イ・ミョンバク)氏が当選を決め、2008年に2月、大統領として就任した。就任前の2007年6月30日に韓米の両政府代表による韓・米FTA協定書の署名が行われ、国会での批准手続きを待つ状況であった。

　新大統領に当選した李明博氏は韓・米FTAを強く支持していたことや、つい最近の国政選挙で李大統領の支持基盤であるハンナラ党が国会の過半数を占めることとなり、韓・米FTAの国会批准は楽観的に思えた。しかし米国産牛肉の輸入再開によって勃発した国民による反政府デモ(これについては第3章で詳しく述べたい)が激しさを増すなかで、韓・米FTAの推進の引換えに、牛肉輸入再開が進められたことが明るみになり、政権運営に大きな支障を来たすこととなった。したがって政権交代による新政府の農業政策の基本計画が公表されずにいた。やっと政局が落ち着いて、政権がスタート

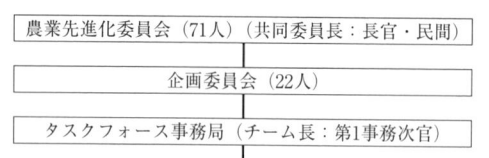

	農業先進化委員会（71人）（共同委員長：長官・民間）			
	企画委員会（22人）			
	タスクフォース事務局（チーム長：第1事務次官）			
未来成長動力分科委（16人）	所得安定・クオリティ・オブ・ライフ向上分科委（14人）	競争力強化分科委（16人）	ガバナンス先進化分科委（14人）	水産先進化分科委（8人）
未来成長動力班	クオリティ・オブ・ライフ（Quality of life）向上班	競争力強化班品目先進班	ガバナンス先進班	水産先進班
1．緑の成長 2．R&D（research and development）強化 3．食料安保・食品安全	1．所得安定 2．生活の質向上 3．地域発展	1．補助金改革・規制改革 2．流通改革（品目団体組織化） 3．農業協同組合改革（経済事業活性化）	1．農林水産事業 2．一元化 3．機構再編・金融インフラ・食品検疫強化 4．その他	1．補助金改革 2．インフラ改善 3．成長動力発掘

図1-3　農業先進化の組織図と検討対象

資料：韓国農林部「農業先進化論議課題（案）」2009年4月。

から2年目になる2009年に、新たな農業政策の全貌が公表された。まず「農業先進化」というスローガンを掲げ、大まかなプランが提示され、それに合わせた法案作りを急いでいる。さらに2009年3月23日に政府は農業界・学界などが参加した官民合同の非常設協議体として「農業先進化委員会」を設置し、議論を深めようとしている（図1-3）。

　それではまず「農業先進化」の意味について説明したい。韓国政府は「農業先進化」の意味を農業の競争力増進に置き、研究開発（research and development）、所得およびクオリティ・オブ・ライフの向上、先進国水準の制度とシステム改革を目指すとしている。この目標を達成するための方策について「農業先進化委員会」で議論するとしている。さらに10年後の農業像を想定し、農業生産者のさらなる所得向上に向けて議論することを付け加えた。

　しかし、このような「農業先進化」に対し結局、市場自由化の一層の推進

第1章　農産物自由化下の韓国農業政策の展開過程

と大企業優先の農政であるという批判が今なお国内に根強い。それは過去、金泳三政権（1993～1998年）が実施した農業構造改善事業と称した農業競争力強化政策と重なる部分が大きいからである。まさに「農業先進化」とは「農業競争力強化」の焼き直しともいえるほど類似しているところが多い。

とくに「農業先進化」が目指す目標を、農業輸出国である「オランダ」と「ニュージーランド」の農業モデルであると大統領自ら発言している。またそれを追随するような様々な農業政策がすでに決まっていることも大きな問題である。同時に、今後の農業の行方を決める上で、事実上の政府主導で設置された非常設協議体の「農業先進化委員会」で農政の方向を決定づけようとするところにも大きな批判が集まっている。

1）李明博政権の農政基調

「農業先進化」に代表される韓国農政の最近の動向を理解するためには、李政権のスタートと同時に提示された農政方針の理解が必要である。李政権の農政方針は、まず前政府（過去10年の金大中、盧武鉉政権）の農政を批判的に捉えていることに注目する必要がある。

その内容を整理すると、「昨今の韓国の農業が置かれた状況を政府の過度な主導と保護により、農業生産者の自生的経営革新の後退と地方自治体の役割縮小を招く一方、農家所得の安定政策によって合理的構造改革や調整がうまく進まなかった」と定義し、また「農業生産性向上にもかかわらず消費者および流通環境変化に対応した需要創出が不十分であり、規模拡大や専業化に大きな支障を与え続けてきた。とくに高齢化などによる競争力に限りがあった」との見解を示している。このような、過去の農政の批判的に捉えた李政権は最初の農政方針を以下のように提示している。

第1に、生産者および地方自治体に権限と責任を与える、第2に、儲かる農業を作る政策を開発する、第3に、農業の範囲を食品産業と輸出部分まで拡張する、最後に、人と組織の競争力をもとに内実ある農業強国づくりを目指す、となっている。この4つの農政方針に基づいて提示された農政を要約

すると、「儲かる農業、生きがいがある農村の建設」である。

効率性を強調する市場競争の促進の結果として儲かる農業を実現し、そこから派生する市場失敗の補完と公平性の確保のために、住みやすい農村を建設するとの論理である。

政府の説明を借りれば「効率性という槍」と「公平性という盾」という論理展開であるが、いくら美しく巧みな言葉を並べようとしても、儲からない農業が韓国農業を支え、維持している現実に気づいていない。さらに儲からない農業生産者を駆逐しようとしているのに、どうして生きがいがある農村の建設が可能なのか、とても不思議な言葉が並んでいる。

さて、儲かる農業はどのように実現されるのだろうか。そのカギは農産物輸出国であるオランダとニュージーランドにあるとし、政府は韓国農業が目指す将来像として、この２つの国の農業を想定している。オランダ農業が2008年に提示された李政権の農政の基調を形成した原点であり、また、ニュージーランドの農業改革は2009年の「農業先進化」策定の契機となった。

まずオランダ農業は「少数の精鋭化した企業型家族農と協同組合、企業主導の差別化、企業家精神」の結果によってもたらされたと規定し、これを韓国農政の基調とした。これとは別に、ニュージーランド農業は、2009年３月に李大統領が同国を訪問したことを契機に、具体的に検討の対象となった。その結果、農林水産食品部内に農業改革タスクフォース（以下、T/F）チームが組まれて、まもなく「農業先進化委員会」がスタートするに至った。

韓国農業の将来像は、世界と競争する強い産業としての農業を育て、2012年まで20万人の企業的農業者と、１万の法人を育成していく方針である。またその前提となる農業への参入規制を緩和し、農業分野に大企業と外国資本を誘致し高品質技術の導入および輸出農業の育成を図ると公言している。

産業としての農業の展開はともかく、そこで脱落していく生産者や地域のための、農漁村ニュータウンを造成するとの政策に至っては、かつて韓国の経済発展モデルであった「開発独裁的発想」に基づいていると言わざるを得ない。果たして李政権が目指す小さい政府、市場重視政策と整合性が取れる

か甚だしく疑問である。

2）農業先進化の主要内容

2009年に発足した「農業先進化委員会」は今後10年の韓国農政の改革方向を描くことが主な役割であった。委員会は民間の専門家、農民団体の代表、政府官僚などで構成され、実務を担当するT/F事務局は農林水産食品第1事務次官が取り仕切った。

T/F事務局の下に5つの分科委員会を置いて、各分科委員会の下に5つの実務作業班を構成し議論・検討がなされた（図1-3参照）。

委員会の活動期限は2009年3月から6月末までという、期限付きの委員会であった。わずか3カ月という短い期間に農政の枠組を議論・用意するということ自体が批判の対象となったのは当然のことだろう。ここで議論する主要課題は大きく、①未来成長動力分野、②所得安定およびクオリティ・オブ・ライフ向上分野、③競争力強化分野、④ガバナンス先進化分野に分けられる。その分野別主要内容と争点を注意深く見ることにしたい。

まず「未来成長動力分野」から見ると、この分野では農業・農村をめぐるトレンドを分析し、グローバル経済に望ましい「国家食品システム（企業的に食料の供給から製造・流通まで行う）」の設計が主要内容である。併せてグリーン成長戦略下の農業・農村の位置づけと役割を樹立することであった。

政府が提示した課題は農業・農村の魅力向上、研究開発推進体系の改編、GMO作物生産、地域中心の農産物・食品の使途拡大システムの構築、「韓食（韓国料理）世界化」がその狙いである。とくに、大規模の干拓地を造成し、農食品産業団地に企業を誘致するという内容が政策の目玉となっている。

2つ目は「所得安定およびクオリティ・オブ・ライフ（Quality of life）分野」である。現行の直接支払制を改善し、農家の所得安定を図ることが、検討の主要内容である。さらに農漁村の基礎生活保障制、基礎老齢年金の特例制度の検討、農漁村地域の社会的企業育成、農漁村教育環境の改善などを扱う。

3つ目は、「競争力強化分野」である。農業競争力強化のための制度改革と品目先進化が主要内容である。まず競争力強化のために農業補助金の改善、外部人材の農業分野流入、担保中心の農業金融の改編、農地賃貸借と農地銀行活性化方案などが論議の対象である。これと併せて協同組合の信用・経済事業の分離と単位農業協同組合の合併、農企業サービスセンター設置運営、外国人投資誘致の拡大などを中心に扱う。これと併せて品目別代表組織の育成、農産物ブランドの活性化、自助金制度[3]の活性化、公営卸売市場の振興などを検討している。さらに特定の品目ごとに、生産および流通構造改善対策について検討された。

　4つ目は、「ガバナンス先進化分野」である。ここでは政策の樹立と執行に関する農政協議体の構成、農林事業の執行体系の改善、食品安全の管理体系の効率性向上、米の関税化猶予措置継続の可否に関して検討が行われた。

3）2項対立的政策路線と争点

　最近、韓国農業政策学会の政策セミナーにおいて農政に対する辛辣な批判が噴出した。「企業農の育成と資本主導」を強調する現政権の農政は農業の多元的価値実現に努めている多様な農家の存在を無視しているという内容である。

　筆者も同じ考えであるが、現在の韓国農業政策の特徴はまさに政府主導のトップダウン的農政である。本来最低限でも確保されるべきボトムアップ農政はその痕跡すら消している。だからこそ韓国農政の目標の実現には大きな危うさが潜んでいるように見受けられる。韓国農政は本来避けるべき2項対立の構図をまさに次のような3つの対抗軸といった形で体現している。

1．「企業と資本 vs. 農民と地域」の対抗軸。
2．「企業農 vs. 家族農」の対抗軸。
3．「大規模化 vs. 組織化」の対抗軸。

3　生産者からの拠出金によって協会を中心とし運用される制度である。養豚、肉牛を中心に活性化している。

第1章　農産物自由化下の韓国農業政策の展開過程

　政策のあるべき姿を定義することはなかなか難しいと思うが、筆者なりに整理すると、政策とは目指すべき理想の姿と、それに対峙している現場を如何に調和（段階論）させるかといった行政の努力やそのための活動であることに尽きる。が、昨今の韓国の農政は上記のような2項対立的な思考の中、現状の農業生産構造の全否定に繋がる危険性を孕んでいると同時に企業的農業だけですべてが解決出来るという幻想に囚われているようにみえる。よってこの2項対立の否定ではなく、むしろこのような図式を超えたところに新たな解決が見出せるのではないかと考える。それは2項対立の図式の中で、効率性のみを追求することが、必ずしも韓国農業を維持・発展させることにつながるのではなく、あらゆる手段を講じて、すべての可能性を取り入れることではじめて今の農業を維持できるという認識が必要であると考えるからである。多数の小農がまだ韓国の農業生産を担っているのは、生業としての農業（家族農業）は労賃部分（家計費）の一部の確保が目的で、積極的な利潤部分を追求しないもしくは出来ないので、無理にコストを引き下げるインセンティブが働かなかったからだと考える。これに対して、企業的食料生産では利潤確保が目的なので、労賃の切り下げや無理にコストの削減が行われることは十分予想される。実際に、これまで小農は利潤部分の確保を排除することで食料生産を維持可能であったという面が大きい。自らの意志ではなく外部がそれを強く求めてきた歴史的展開があったことは韓国の経済発展過程を見れば明確である。現に、なぜ家族経営が存続し、また合理的なのかという答えもそこにある。そこでは従来、指摘されているような、価格が労賃部分に食い込んでも農業をやめないという家族経営の耐久性が農業の規模拡大やその近代化を阻害する要因なのではなく、生命産業そのものが、再生産の範疇以上の利潤を求めないことによる持続可能性を色濃く有しているのではなかろうか。家族農業経営が駄目で企業経営でやれば利潤が確保出来、また豊かになれるという幻想を現実化しようとしている韓国の農業政策は極めて安易で単純すぎるだろう。さらに政府は、政策実現の手段として、2項対立の対抗軸を使いながら、都合によってトップダウンとボトムアップの価値

概念を混在させ、理論なき農業政策を実施しているともいえよう。それは後で詳しく考察する米国産牛肉輸入騒動で端的に現れる。

　李政権の農業政策を見る限り、韓国農業は一部の強い農家、それも加工・流通・輸出まで行われる企業体を想定しているように見える。やはりこのような農業政策の急速な転換はFTAによる一層の自由化基調の中、農業はもう要らないとの政府方針があったのではないかと考える。詳しいことは第2章の韓・米FTAの締結過程を論じる中で述べたい。

第1章　農産物自由化下の韓国農業政策の展開過程

資料

「農漁村クオリティ・オブ・ライフ向上特別法」2004年6月6日より施行
（韓国農林部のホームページより訳）

農漁村住民のクオリティ・オブ・ライフを都市水準に

　立ち遅れた農漁村地域住民の生活の向上と地域開発政策を汎政府次元で推進するための「農（漁）業生産者のクオリティ・オブ・ライフ向上および農山漁村地域開発促進に関する特別法（以下クオリティ・オブ・ライフ向上特別法）」が6日から施行される。

　今度施行されるクオリティ・オブ・ライフ向上特別法と施行令の主要内容を見ると、政府は農漁村住民の福祉増進、教育与件改善および地域開発を促進するために5年ごとに農漁村政策の基本方向と福祉・教育・地域開発に関する事項を含んだ基本計画を樹立しなければならない。また、基本計画樹立の以外に国および地方自治体は農漁村住民のクオリティ・オブ・ライフ向上のための各種政策を総合的に推進しなければならない。

　農漁村住民が負担する国民年金保険料と健康保険料の一部を予算の範囲の中で支援することができるとともに、農作業または漁労作業の中で負傷、疾病などの災害を被った場合も必要な支援をすることができる。

　また10年間延長される20兆ウォンの農特税は農漁村福祉、教育と地域開発に集中投資される予定である。

　そしてこの法律は国と地方自治体は農漁村の学生の教育機会を保障するために教育与件の改善・発展のために幼稚園児の教育・保護に必要となる費用の全部または一部と学費、給食費などを支援することもできる。さらに農漁村学校に適正数の教職員が配置されるようにする一方、教職員の士気高揚と福祉向上のために住居の提供など優待措置を用意しなければならない。

　国と地方自治体は農漁村住民の生活便宜を増進して農漁村の経済活動基盤

を構築するために住宅、道路、上水道、大衆交通体系など農漁村基礎生活与件改善を積極支援しなければならない。

このために農漁村地域村総合開発事業の推進、農漁村景観の保全と形成、郷土産業の振興、条件不利地域の維持のために国および地方自治体が必要な支援ができるようにした。

このようにクオリティ・オブ・ライフ向上特別法が施行されれば農漁村型社会安全網が拡充されて、教育環境が画期的に改善し、クオリティ・オブ・ライフが高くなるだけではなく、農漁村地域の開発が促進され持続的に発展することができる基礎が構築されるとみられる。

[参考・引用文献]
キム・ビョンテック『韓国の農業政策』ハンオル・アカデミー、2002年。
キム・ビョンテック『韓国の米政策』ハンオル・アカデミー、2004年。
キム・チョンホ他「WTO体制下における米産業政策の評価と課題」韓国農村経済研究院、2006年。
農村経済研究院編『農政50年史』1999年。

第2章
FTAによる自由化路線への転換と世論の変化

　第1章で農産物自由化の下での韓国農政の転換について考察を行ったが、何より韓国の農業政策を劇的に変えた出来事は韓米自由貿易協定（以下、「韓・米FTA」と略す）の締結である。

　それは韓国全体の農林水産物輸入額のおよそ3割（2008年時点で27.6％）を占めている米国とFTAを結ぶことは直ちに国内農業への多大な被害が発生することを意味する。なぜなら1990年初頭から20年に及ぶ現在まで農業政策の柱として受け継がれてきた「農業改善事業」は思うような成果が現れず、国内農業の再編が絶望的なところに強大な農産物輸出国である米国とFTAを締結すれば、国内農業が生き残る可能性は極端に低くなることは誰もが予想できることである。しかしながら貿易立国という韓国の産業構造上、韓国政府として残された選択筋はFTAにしかなかったと考える。したがって講じ得る政策手段が一層の「選択と集中」を強めることでしかなかっただろう。

　このため、FTAに対応する政策においても、競争力強化への傾斜、またはリタイア促進（FTA基金を使った廃業支援）という単調な農業政策しか講じることができなかったと考える。

　筆者はこのような農業の切り捨て韓・米FTAの交渉を契機に具体化し、また決定されたと見ている。FTA交渉においては常に阻害要因として農林漁業部門が取り上げられる。しかし農林漁業のウェイトが（2008年時点でGDPの2.2％、就業者の7.2％）と日本より大きい韓国が「農業大国の米国とFTAを結んだのはなぜか。また、韓・米FTAに辿り着くまで農業をどのように扱ってきたか」は日本の農業関係者のみならず、多くの経済関係者に興

味のあるテーマであろう。

　したがって本章では韓・米FTAを中心に、韓国が米国とFTAを進めたのは、政府が経済成長を優先したためであり、農業を犠牲にしてFTA妥結へ辿りつけたのは、国民コンセンサスが農業保護から遠ざかったからであることを論証する。

　さらに韓国が急速にFTA政策へ傾斜していく過程を考察し、その中で農業の位置づけはどうなされてきたかについて考察を行う。妥結に至るまで政府はどのような政策手段を用いてFTAの交渉を成功させたのか、その政治・経済的背景について明らかにしたい。

1．韓・米FTA締結

　2005年2月3日第1回韓・米FTA実務者事前会議がソウルで開催されてから約2年の歳月を経て、2007年4月2日に韓・米FTA交渉を妥結した。韓・米FTAは商品、サービス、貿易救済（trade remedies）[1]、投資、知的財産権、政府調達、労働、環境など、貿易にかかわる全てを含む包括的なものである。外交通商部によれば、韓・米FTAの経済規模は14.1兆USドルで、NAFTA[2]の15.1兆USドルに次ぐ。

　当初、容易だと思われていた国会批准であったが、両国の議会批准同意案が通らず、2009年5月14日に新たな再交渉を経て、2010年12月3日に追加交

1　貿易救済とは、自国産業を保護するための措置として、①輸入国の産業が実質的に被害を被るかまたは被る恐れがあるとき、ダンピング額の範囲内で課税する、②輸出国の公的補助金を受ける商品が輸入されることによって、輸入国の産業が実質的に被害を被るかまたは被る恐れがあるとき、補助金の範囲内で課税する、輸入量の急増によって産業に深刻なダメージを与えるかまたは与える恐れがあるとき、輸入数量の制限や関税引き上げをする、などがある。

2　北米自由貿易協定（North America Free Trade Agreement）とは、米国・カナダ・メキシコの3か国による域内の貿易自由化をめざす協定。

第2章　FTAによる自由化路線への転換と世論の変化

渉が最終妥結した[3]。その結果これまで米国の大きな不満が存在していた乗用車部門においては米国が有利な方向で変更された[4]。韓国政府は5日、交渉総括を引き受けてきた通商交渉本部長のプレス発表を通じて自動車部門で米国側の要求を一部受け入れた面はあるが、韓国は豚肉、医薬品、企業ビザ部門で一部譲歩案を引き出すことができたと述べた。

同本部長は、「米国の乗用車関税撤廃の日程調整に対する高いレベルの要求があったため、交渉が難しい局面に直面することもあった」とし、「韓・米FTAが、韓国国民とメディアの主要な関心事項であったことを深く留意しながら協定文修正を最小限にし、全般的な利益の均衡を追加することによって、相互受け入れ可能な結果を導き出し、韓米両国にとってウイン・ウイン（Win-Win）効果を作ろうと最善を尽くした」としている[5]。

これで2005年2月から始まった韓・米FTAは5年を超える時間を要しながらやっと最終締結に辿り着いたが、その道程は相当険しいものであった。次節以降は、韓国のFTA戦略[6]を概観しながら、米国との交渉過程またその結果について考察を行いたい。

2．韓国のFTA政策の特徴

1）韓国政府のFTAへの取り組み

世界経済のブロック化が進んでいることを概観した後、韓国のFTA戦略とこれを推進する体制について簡潔に述べる。

3　農業部門において2007年の妥結と変更された内容は、旧協定文で2014年になっていた米国産豚肉（冷凍肉、首まわりの肉、骨なしカルビなど）の関税撤廃時期を、2016年まで2年延長したくらいで大きく変わったことはない。
4　韓米自由貿易協定（FTA）追加協議の結果、韓米両国は自動車の関税を発効4年後に撤廃する代わりに、豚肉輸入に対する関税撤廃時期を2年延長する一方、米国派遣労働者に対するビザ有効期間を1～3年から5年に伸ばすことで最終合意した。
5　韓国聯合通信の配信記事からそのまま引用した。
6　韓国政府のFTA戦略について、章末に韓国政府の公式的見解を翻訳したものを掲載したので参照されたい。

工業製品の関税引き下げによる国際貿易の自由化を目的としたGATTでは、国際経済の変化に対応するために多国間（multilateral）交渉を行なってきた。ガット農業交渉も第8回目のGATT多国間交渉である。しかし、GATTが国際経済の変化に対応するには限界があった。国際経済のウェイトは資源や労働集約的商品から技術や知識集約的商品へ移行しており、その他、サービス、金融（資本取引）などモノとしての実態がない商品へと急速に変わっていたため、新たな経済変動に対応した枠組み作りが遅れてきたことが指摘できる。さらに貿易の活性化の阻害要因であった関税は大幅に引き下げられたが、非関税障壁が新たな保護主義の手段として使われていることなどが新たな問題として登場した[7]。そのため、ガット農業交渉では関税および非関税のみならず、農産物の貿易、貿易関連の国際投資、知的財産権の保護、サービス貿易の自由化など、経済の自由化（グローバル化）の土台を作り上げた。ガット農業交渉の結果として生まれたWTOは、執行力を有する国際機関であり、執行力を伴わない国際機構のGATTとはその性格を異にしている。

　WTO体制以後、最初のラウンドであるドーハ開発アジェンダ（Doha Development Agenda、「DDA」と略す）[8]が2001年11月にスタートした。2003年3月には農業交渉においてモダリティ（modality）を確定しようとしたが、失敗に終わった。2003年9月にメキシコのカンクンで開かれた第5次WTO閣僚会議では、モダリティの確定を不可能と見なし、フレームワークを採択しようとしたが、議決に至らなかった。このフレームワークは2004年8月になってWTO理事会で採択された。その後、モダリティの交渉は2005年5月から再開されたが、米国とEU、G20途上国（Group of 20）との間に、

---

[7] 梁俊哲「WTO・DDA交渉議題－争点分析と韓国の通商交渉戦略－」韓国農村経済研究院・韓国国際通商学会セミナー、2006年2月、p.1、によれば「国際交易に伴う各種取引費用の規模は国際交易額の2～15％と推定されており、取引費用や非関税障壁がすでに関税障壁に劣らぬ障壁になってしまった」としている。

[8] GATT体制では多国間交渉を「ラウンド（round）」と名づけたが、途上国の要求を受け入れて「デベロップメント・アジェンダ（development agenda）」と命名した。例としてドーハ開発アジェンダ（DDA）がある。

第 2 章　FTA による自由化路線への転換と世論の変化

関税の引下げや国内補助の削減、センシティブ品目（sensitive items）[9] などによって意見の違いが縮まらなかった。続く2005年12月の香港会議（第 6 次閣僚会議）においても、モダリティは一部の合意事項を確かめるにとどまった。

このように WTO での多国間交渉が進展しないこともあって、各国の通商交渉は FTA を中心とする地域貿易協定（Regional Trade Agreement）の形で加速している。

FTA による地域主義が急拡大している理由として、韓国政府は次のような論理構成で賛成を表明している。第 1 に、FTA が、開放による競争を深化させ、生産性を向上すること、第 2 に、海外からの直接投資が、経済成長の原動力となり、FTA がその投資を促すこと、第 3 に排他的な互恵措置が、域内の利益向上と負担の緩和、関心事項の反映に有利であること、最後に地域主義の拡散によって被る弊害を減少できること、などを挙げている。2008年 1 月時点で発効している197個の地域協定の締結時期を見ると1970年代以前が 5 個、1970年代が12個、1980年代が10個であるに対して、1990年代には64個、2000年代には106個と、WTO 体制以後に急増している。

2）韓国政府のFTA戦略

経済の貿易依存度が GDP の92.3％[10]（2008年）に達するほど重要な韓国にとって、世界経済のブロック化に乗り遅れることは、経済成長を制限することを意味する。つまり「海外需要の落ち込みが経済成長を頭打ちする」という認識である。これは政府の公式見解にも現れている[11]。簡単にまとめて見ると、「主な交易相手国が他の国々と FTA を締結することによって、韓国産の商品が相対的に高関税となり、価格競争力を失ってしまう。また、開放を

9　センシティブ品目（sensitive items）の直訳は敏感品目となるが、本書ではセンシティブ品目と訳した。
10　GDP に占める輸出入額の割合（＝輸出入額/GDP×100）、数値は韓国統計庁『国際統計年鑑』2009年、から引用した。
11　韓国外務通商部、http://www.FTA.go.kr/new/index.asp、より引用。

通じて産業を競争に晒すことによって、量的成長のみならず、生産性の向上や質的発展を図る必要がある」としている。このように、FTAは韓国経済の動向に関する重要な戦略課題である。しかし韓国が最初からFTAを積極的に進めたわけではない。

　1996年に開催されたWTO閣僚会議までは、韓国政府はWTO体制の優越性を支持し、地域主義に対し否定的な立場を堅持した。しかし1997年のアジア通貨危機以降、対外信用力の回復、外資誘致拡大、輸出市場開拓などの必要性からFTAを活用する方向が有利であると判断し、急速に政策転換を図った。

　カンクン閣僚会議の決裂以降、FTAによる地域的統合が一層加速するという展望がなされる中、韓国はこのような国際情勢に対応するため、FTA政策を積極的に推進することを決める一方、アセアン＋3[12]の首脳会談を通じて東アジアの経済協力の重要性を積極的支持した。

　FTA政策においては改革および開放政策を通じた経済活力の維持、各部門の経済主体に対する競争力促進を促す手段としてFTAを活用するとし、次のような戦略を樹立した。第1戦略は「同時多発的かつ包括的推進」である。「同時多発的」というのは、複数の国々との交渉を同時に行うことであり、「包括的」というのは関税の撤廃のみならず、その他の貿易障害となるものを含めることである[13]。これによって遅れを取っているFTA締結を短期間に挽回し、韓国企業が国際市場で費やされる機会費用を節約することができる。

　第2戦略は「巨大経済圏との連携推進」である。対外市場の確保、生産性向上などの経済的利益を最大限にするために、米国、日本、中国などとのFTAが必要であるが、韓国政府は当初、日本以外に韓国とのFTAを望む国

12　ASEAN（東南アジア諸国連合）諸国に日本・中国・韓国の3カ国。
13　この意味で韓国のFTAは日本が進めている経済連携協定（EPA：Economic Partnership Agreement）に近い。EPAとは、2以上の国（または地域）の間で、自由貿易協定（FTA：Free Trade Agreement）の要素（物品およびサービス貿易の自由化）に加え、貿易以外の分野、例えば人の移動や投資、政府調達、2国間協力等を含めて締結される包括的な協定を指す（日本外務省の定義）。

第2章　FTAによる自由化路線への転換と世論の変化

はないと判断していた。したがってまず日本とのFTAを積極的に推進し、他の巨大経済圏とのFTAを優先的に推進する計画であった。米国、日本、EU、中国といった巨大経済国は韓国にとって最も重要な貿易パートナーである。とくに米国や日本は伝統的な貿易相手国[14]で、1992年の国交正常化以後に貿易が急増した中国を入れれば、貿易多角化を推進しているなかにおいても、これら3カ国で全輸出額の38.1％と全輸入額の40.5％を占めている[15]。結局、日本を除く巨大経済圏である米国、EUとFTAを締結し、今後中国とのFTAに取り組む計画である。

第3は、世界における拠点作り戦略でもある。韓国のFTAは韓・チリFTA（2004年4月1日発効）を皮切りに、韓・シンガポールFTA（2006年3月2日発効）、韓・ヨーロッパ自由貿易連合[16]FTA（2006年9月1日発効）、2010年に韓・EU FTA、韓・米FTAを締結した。これらによって当初提唱したFTA戦略は一定の成功を収めていると見てよい。

3）FTA推進体制

韓国政府はあらゆるFTAを推進するために、1998年に既存の外務部（Ministry of Foreign Affair）を外交通商部（Ministry of Foreign Affair and Trading）に改組した。そのなかに「通商交渉本部（以下、本部）」が新設され、通商に関わる国内の諸部庁（省庁）間の意見を総括して交渉に当たっている。その最高責任者の「通商交渉本部長」は、外交通商部の一部門の長でありながら、長官（大臣）相当の扱いを受ける。つまり、同じ行政部署の一介の長に、対外経済分野に関して大きな権限を与え、通商交渉を推進する形を取っている。

14　2008年の実績から見ると、この2つの国だけで、総輸出額の17.7％、同じく総輸入額の22.8％を占めている。韓国農林部「農林水産食品主要統計」より計算。
15　韓国農林部「農林水産食品主要統計」より計算した。
16　ヨーロッパ自由貿易連合（Eガット農業交渉European Free Trade Association）は、1960年に関税同盟を目指すEEC（欧州経済共同体）に反対する7カ国で結成されたが、現在はアイスランド共和国、ノルウェー王国、スイス連邦、リヒテンシュタイン公国の4カ国となっている。

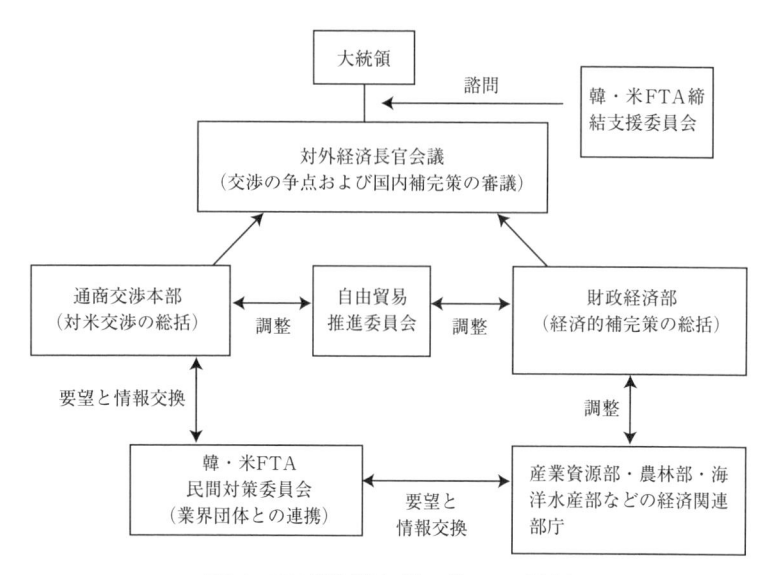

```
                    ┌──────────┐
                    │  大統領   │
                    └──────────┘
                         ↑ 諮問      ┌──────────────┐
                    ┌──────────┐ ← │韓・米FTA締   │
                    │対外経済長官会議│   │結支援委員会  │
                    │(交渉の争点および│   └──────────────┘
                    │国内補完策の審議)│
                    └──────────┘
         ↗              ↑              ↖
┌──────────┐  ┌──────────┐  ┌──────────┐
│通商交渉本部│←→│ 自由貿易 │←→│財政経済部  │
│(対米交渉の │調整│推進委員会│調整│(経済的補完策│
│  総括)    │  └──────────┘  │ の総括)    │
└──────────┘                  └──────────┘
  ↑要望と情報交換              ↑ 調整
┌──────────┐                  ┌──────────┐
│韓・米FTA  │←─────────→│産業資源部・農│
│民間対策委員会│ 要望と      │林部・海洋水産│
│(業界団体との│ 情報交換    │部などの経済関│
│  連携)    │              │ 連部庁      │
└──────────┘                  └──────────┘
```

図2-1　FTA推進体制（韓・米FTAの場合）
資料：FTA関連文献を参考に著者作成。

「本部」の構成と役割を詳細に見てみよう。本部長の傘下には4局と2室（通商広報企画室、通商法務官室）がある。「韓・米FTA企画団」は韓・米FTAを推進するために一時的に置かれる組織であり、恒常的なものではない。各局の担当業務は次のとおりであるが、その組織もFTA戦略に合わせた構成となっている。

①多国（multilateral）通商局：短期（年間）および中長期の政策樹立と評価。WTO関連政策の樹立と評価。APECおよび地域経済協力に関する政策計画と評価。②地域通商局：通商推進の支援。外資誘致と国内投資環境の整備。海外投資に関する情報収集と投資支援。日本・中国・米国・ドイツ・イギリス・フランス・ロシア連邦・ASEAN・EUとの通商政策計画と施行。

第 2 章　FTA による自由化路線への転換と世論の変化

③自由貿易協定局：FTA政策の計画・交渉・締結。「自由貿易推進委員会」[17]および民間諮問会の運営。FTAに関する国内の広報。④国際経済局：対外経済政策の計画と調整。開発途上国への経済協力と外交政策の調整。南北経済交流の推進。環境問題と国際経済協力に関する政策計画と調整。

　FTAの締結のためには数多くの国内措置（諸政策および法律の整合性調整）を要する。とくに絶対劣位に置かれている産業に対しては、その影響を緩和する対策を取らなければならない。そのため、基本的には「本部」がFTAを推し進めるが、経済に関わる諸部庁との連携を図りながら推進している。また、韓・米FTAのように、国内の社会経済に大きな影響を与えかねない場合は、各界の多様な意見と国民への広報も必要である。「韓・米FTA締結支援委員会」や「韓・米FTA民間対策委員会」はFTA推進のために、政府が主導的に取り入れた行政外の組織である（**図2-1**）。

3．韓・米FTAによる農業への影響

1）韓国政府の事前試算[18]

　韓米の貿易額約563.8億ドル（輸出328.8億ドル、輸入234.9億ドル、01〜03年平均）のうち、食料品は輸出272百万ドル（水産26百万ドル、畜産3百万ドル、農産39百万ドル、加工食品204百万ドル）と輸入2,502百万ドル（水産

---

17 「自由貿易推進委員会」は2004年6月8日の大統領訓令で組織された。その目的は「自由貿易を効率的に推進し、その過程において国民の参与を促す」ことにある。委員長の「通商交渉本部長」を含む各部庁の局長以上の委員15名で構成されている。韓・米FTA推進のため、この委員会のほかに、2006年8月に大統領の諮問機関としてオピニオンリーダーで構成された「韓米FTA締結支援委員会」と民間諮問会として2006年4月に業界団体の代表と政府系研究機関の有識者で構成された「韓米FTA民間対策委員会」がある。

18 韓国政府は交渉の前に、韓・米FTAが韓国農業に与える影響を予測した（李章洙・朴芝賢・權五復「韓米FTAが韓国農業に及ぼす経済的波及効果」韓国対外経済政策研究院、『経済・人文社会研究会協同研究叢書05-05-01』2005年12月）。この予測によれば、農産物貿易において韓国の恒常的な経常赤字にならざるを得ないこと、一般均衡モデルおよび部分均衡モデル共にFTAが韓国農業へマイナスの影響を与えること、を示していた。ここではこの予測結果のみを用いて、筆者なりの新たな見解を述べたい。

表2-1 韓国の主な対米輸出入品目

品　目	輸　出 期間平均金額（万USドル）			品　目	輸　入 期間平均金額（万USドル）		
	96～97年	98～00年	01～03年		96～97年	98～00年	01～03年
タバコ	927	1,265	2,561	牛肉	29,900	31,400	57,500
リンゴ・ナシ	274	755	1,356	大豆	43,200	31,300	28,400
酪農品	145	189	322	小麦	33,600	22,000	23,300
高麗人参	205	316	146	トウモロコシ	105,200	50,200	17,400
お茶	145	67	111	柑橘類	3,600	4,300	9,600
柑橘類	82	17	87	タバコ	27,100	9,300	9,400
植物油	25	47	27	鶏肉	3,400	3,300	4,700
-	-	-	-	植物油	4,500	6,400	3,300
-	-	-	-	酪農品	2,900	1,900	2,600

資料：李章洙他［2005.12］、pp.65-67、から作成。
注：単位以下は四捨五入した。

150百万ドル、畜産764百万ドル、農産972百万ドル、加工食品615百万ドル）の恒常的な貿易赤字となっている。

　工業製品ほどではないが、農畜産物・加工食品にも産業内貿易が観察される。産業内貿易がある品目はタバコ、酪農品、柑橘類、植物油である（**表2-1**）。そのうち、タバコは輸出25.6百万ドル、輸入94百万ドルの産業内貿易が活発な品目である。その他の品目は極わずかな輸出しかないので、産業内貿易はタバコの１品目にしかないと言える。

　米国産食料品の韓国輸入市場における占有率は大きい。畜産物は1999年まで40％台であったが、2000年から急上昇して2003年には約60％に達し、オーストラリアと両分している。農産物は1996年の約60％から2001年20％まで減少したが、再び約40％まで上昇した。主な競合国は中国とオーストラリアで、2000年以後は中国が30％台を占めるようになった。加工食品の場合は畜産物や農産物ほど特定国に集中していないが、米国（約18％：2003年）をはじめ、中国（12％）、オーストラリア（６％）、日本（５％）の順に高い占有率を持っている。加工品の米国産占有率が2000年以後に減少する傾向を見せているのは、中国産が持続的に増加しているからである。

　以上、韓米の農産物貿易は、韓国の一方的な輸入超過となっている。これは世界市場での競争力の格差は勿論、韓米の間に競争力の格差から生じてい

第 2 章　FTA による自由化路線への転換と世論の変化

表2-2　品目別競争力－韓国・米国・中国の比較（2001～2003年平均）

類	品　目	RCA指数 韓　国	RCA指数 米　国	TS指数 韓・米	韓国輸入に占める 米国産割合（％）
畜産	生きた動物	0.01	1.19	－0.98	30.7
	牛肉	0.00	0.97	－1.00	70.5
	豚肉	0.06	0.38	－1.00	7.1
	鶏肉	0.02	0.02	－1.00	46.6
	酪農品	0.01	0.22	－0.78	17.3
	鶏卵	0.00	0.08	－1.00	0.0
野菜	トマト	0.11	1.31	0.00	10.3
	玉ねぎ	0.04	0.67	－0.81	35.0
	白菜	0.04	0.26	－0.49	0.0
	大根	0.02	0.32	0.00	0.0
	キュウリ	0.28	1.30	1.00	0.0
果実	バナナ	0.00	1.14	0.00	0.0
	柑橘類	0.04	0.28	－0.98	96.9
	ブドウ	0.00	1.09	－1.00	33.2
	スイカ	0.06	1.30	0.00	42.4
	リンゴ・ナシ	0.33	0.29	1.00	10.1
	モモ	0.01	0.35	－0.99	89.4
その他農産物	お茶	0.06	0.43	0.65	13.3
	小麦	0.00	0.10	－1.00	40.9
	大麦	0.00	0.14	1.00	0.0
	トウモロコシ	0.00	0.09	－1.00	18.4
	米	0.00	0.00	1.00	0.3
	大豆	0.00	0.02	－1.00	85.3
	植物油	0.01	0.38	－0.98	14.7
	タバコ	0.32	0.34	－0.56	32.4

資料：李章洙他［2005.12］、p.83、から引用。
注：1）RCA指数が1より大きければ、世界平均より競争力がある。
　　2）TS指数は2国間の競争力を示す。－1に近ければ、韓国が完全に輸入志向的である。

る。純粋な競争力の指標ではないが、顕示比較優位（RCA）指数（Revealed Comparative Advantage Index）と貿易特化（TS）指数（Trade Specialization Index）をもって、主要農産物の韓米競争力を比較したのが**表2-2**である[19]。

　畜産・野菜・果実・その他農産物のほとんどにおいて、米国が圧倒的に国際競争力を持っている。つまり、米国のRCA指数が、韓国のそれより遥かに大きい。一部の例外的な品目もある。鶏肉、リンゴ・ナシ、米、タバコな

19　両指数ともに貿易障壁（関税および非関税）込みの指数である。Ⅰ国のK品目RCA指数＝（Ⅰ国のK品目輸出量÷全世界のK品目輸出量）÷（Ⅰ国の全輸出量÷全世界の輸出量）。K品目の韓国の米国に対するTS指数＝（韓国の米国へのK品目輸出額－韓国の米国からのK品目輸入額）÷（韓国の対米K品目輸出入額）。

どは韓国のRCA指数が、米国のそれと変わりがない。

また、韓米両国間を見ると、キュウリ、リンゴ・ナシ、大麦を除けば、交易のある品目のTS指数は全てがマイナスとなっている。例外的に白菜とタバコはTS指数が－0.49と－0.56になっているが、白菜は貿易額が極めて少ない。

以上のRCA指数やTS指数の観点から見れば、当然ながら米国が圧倒的に比較優位にある。ただ、韓・米FTA後に農産物の産業内貿易の可能性は、タバコの１品目に限られると予想される。

２）一般均衡モデルによる試算[20]

この試算は基本的にGTAP（Global Trade Analysis Project）のモデルとデータに基づいている。影響の予測において最も結果に影響を及ぼす前提は、国内財と輸入財の代替に関する仮定である。著者達はNAFTA以後のメキシコの経験では農産物にも産業内貿易が観察されることから、国内財と輸入財との間に不完全な代替関係にあると想定している[21]。また、モデルを静学モデルと資本蓄積を反映した動学モデルに分け、「関税を完全に撤廃するシナリオ１」と「現行関税を70％削減するシナリオ２」を設定し、シミュレーションを行った。

---

20 FTA後の影響を計測する際、モデルの前提設定が結果に大きな影響を及ぼす。權五復「韓米FTAの農業部門波及影響、韓米FTAが国内農畜産業に及ぼす影響と対案模索のためのシンポジウム」農水畜産新聞、2006年２月、には前提によって試算結果に大きな幅（農産物減少額：最多８兆8,000億ウォン～最少１兆600億ウォン）があることを指摘し、氏は最少額に近い試算結果を出している。また、農業および加工食品部門の雇用減少は最多14万3,000人～最少７万2,000人と試算した。すなわち試算結果の幅が大きいことからFTA反対論者は試算の信頼性に大きな疑問を呈している。

21 メキシコのNAFTAの経験について李章洙・朴芝賢・權五復「韓米FTAが韓国農業に及ぼす経済的波及効果」韓国対外経済政策研究院『経済・人文社会研究会協同研究叢書05-05-01』2005年12月、p.89、を引用すると、「NAFTA以前のアメリカとメキシコの肉類交易はアメリカが絶対的な比較優位にあった。従って、NAFTA以後は特化が進み、メキシコの生産基盤が崩壊すると懸念されたが、そのような現象は起こらなかった。むしろ、アメリカの（肉類の）貿易占有率は直後に微増したが、2002年以降は下落する推移を見せている」との認識を示している。また「全ての商品は固有性を持ち、全く同質ではない」という、Armington理論に根拠を置いている。

第2章　FTAによる自由化路線への転換と世論の変化

表2-3　韓・米FTAのマクロ経済への影響

単位：％

項目	シナリオ 1		シナリオ 2	
	静学モデル	動学モデル	静学モデル	動学モデル
GDP	0.28	1.67	0.27	1.45
民間消費支出	0.40	1.38	0.42	1.26
輸出	1.74	3.40	1.70	3.13
輸入	3.49	4.48	3.13	3.98
資本蓄積	0.00	3.02	0.00	2.53

資料：李章洙他［2005.12］、p.114、から引用。

表2-4　韓・米FTAによる農産物の生産および交易への影響（動学CGEモデル）

品目・類	生産額変化（百万ドル）		シナリオ1			シナリオ2		
	シナリオ1	シナリオ2	輸出(%)	輸入(%)	貿易収支(百万ドル)	輸出(%)	輸入(%)	貿易収支(百万ドル)
米	305	117	6.9	3.5	−0.1	11.4	1.0	2.0
穀物	−724	−487	205.0	90.0	−1335.1	113.4	56.9	−844.5
野菜・果実	16	−26	2.0	64.7	−171.4	2.2	39.2	−101.4
その他作物	−964	−734	190.6	25.6	93.0	123.4	7.0	219.3
生きた動物	−612	−666	37.9	−4.4	71.2	27.9	−3.0	49.1
肉類	−780	−822	86.9	48.6	−474.0	62.3	55.6	−572.1
その他加工食品	269	−94	102.9	−17.6	2239.4	62.4	−9.6	1316.8
飲料・タバコ	−247	−166	8.3	5.4	−4.8	5.8	6.8	−21.3
林産・水産物	310	179	−4.8	7.8	−74.6	−2.6	4.8	−45.8
採取業	−2	4	−3.2	1.6	−377.1	−2.6	1.5	−363.7
製造業	6,734	6,657	3.0	4.2	238.2	3.2	4.0	890.6
サービス業	9,440	8,411	−1.1	2.8	−1106.9	−1.0	2.5	−994.0

資料：李章洙他［2005.12］、pp.117〜119、から作成。
注：生産額の変化は中間財産出額を含む。また、価格変化と生産量の変化を反映した結果である。

　マクロ経済への影響（GDPの成長や民間消費支出の増加）は、静学モデルより動学モデルの方がシナリオ1と2ともに大きかった。また、動学モデルにおいてはシナリオ1の方が2より大きな影響をもたらすことになっている（表2-3）。

　農産物に関する動学モデルの計測結果について見てみよう（表2-4）。米は生産額が増加する結果となっている。これは普遍的な考え（稲作がFTAによってダメージを受ける）とかなり異なる。その理由は、次のようなことから来ると推察できる。表2-2で見たように、米国の米のRCA指数は韓国のそれと変わらない。また、米国は米の輸出が極めて少ないため、RCA指数か

ら見る国際競争力は低く評価されている。この2点、つまり潜在的な競争力を反映していない。他方では、生産へのプラス要因として民間消費支出が増加し、結果的に米の生産増加につながるものとなったと思われる。CGE（応用一般均衡：Computable General Equilibrium）モデルによる計測としては、興味深いものであるかもしれないが、現に産業内貿易が行われていてRCA指数も近似しているタバコ（飲料も含む）では、減産が見込まれている。この結果から見ても、このモデルによる米の増産予測は間違った予想といわざるを得ない。

　また交易の側面から見ても、一般的な常識では考えられない結果となっている。その他作物と生きた動物は生産額が大幅な減少になっているにもかかわらず、貿易黒字を予想している。これは生産の減少を上回る程の需要の減少があり、それによって国内価格が下落し2国間または国際競争力が向上することを意味する。このようなプロセスは考え難い。また、全産業の貿易収支の結果は、シナリオ1・2ともに赤字となっている（各々▲902.2百万ドル、▲465.0百万ドル）。他方、製造業とサービス業の生産額が大きく増加している。

　以上の一般均衡モデルによる推計結果は、経済全体で見れば、対米貿易の経常収支は減少するが、投資増によって成長が促されるという結果となっている。

3）部分均衡モデルによる試算

　このモデルでは需給量を価格の線型関数であると特定化している。シナリオとして「関税の完全撤廃」と「国内外産品間の完全代替」を想定し、短期の影響を計測している。選ばれた品目は15品目である。特別な選定基準は設

第 2 章　FTA による自由化路線への転換と世論の変化

表2-5　部分均衡モデルによるセンシティブ農産物の生産者収入変化

類および品目		現状（2003年）				生産量変化	生産者収入減	生産者収入減少率
		生産量	卸売価格	輸入価格	卸・輸入価格差			
単　位		千トン	ウォン/kg	ウォン/kg	ウォン/kg	トン	億ウォン	％
穀物	大豆	113	2,760	2,050	710	−11,605	−1,039	−33.4
	馬鈴薯	589	900	883	17	−4,546	−142	−2.7
	小計	702				−15,151	−1,181	−14.0
畜産・酪農	牛肉	151	8,680	6,977	1,703	−12,711	−3,453	−26.4
	豚肉	767	3,290	3,061	229	−22,917	−2,455	−9.7
	鶏肉	282	3,108	2,875	233	−9,094	−919	−10.5
	粉乳	28	7,000	5,053	1,947	−3,110	−702	−35.8
	小計	1,228	−	−	−	−47,832	−7,528	−15.4
野菜	唐辛子	168	7,669	6,952	717	−6,292	−1,644	−12.7
	ニンニク	393	2,700	2,595	105	−6,141	−574	−5.4
	小計	561				−12,433	−2,218	−9.4
果実	リンゴ	401	2,628	2,128	500	−6,103	−2,135	−20.3
	ナシ	373	1,670	1,614	56	−1,000	−225	−3.6
	モモ	181	3,096	2,906	190	−890	−370	−6.6
	ブドウ	417	3,019	2,750	269	−2,973	−1,204	−9.6
	イチゴ	206	4,604	4,555	49	−870	−140	−1.5
	小計	1,578	−	−	−	−11,836	−4,073	−9.2
その他	胡麻	30	12,201	11,621	580	−570	−240	−6.6
	天然蜂蜜	28	7,050	6,977	73	−88	−27	−1.3
	小計	58				−658	−267	−4.7
合計		4,127	−	−	−	−88,911	−15,267	−11.7

資料：李章洙他［2005.12］、p.129、から引用。

けていないが、全てがセンシティブ品目に含まれている[22]。農業の現実に照らして見れば、この結果は一般均衡モデルの推計結果に比べてより妥当に思われる（表2-5）。全ての品目において生産量と生産者の収入が減少することとなっている。関税ならびに非関税の障壁がある、現状においても米国産農産物は韓国の農産物生産を頭打ちにしている。それに加えてさらなる障壁撤廃は、輸入増をもたらすと予想せざるを得ない。この意味で「全品目の生産

[22] 韓国はFTA交渉前に農産物センシティブ33品目を選定した。その方法は第１段階で付加価値が1,000億ウォン以上（農業付加価値額の86.41％）を選び、交易可能性・国内産地集中度・自給率などの基準で再調整している。その33品目は米・トウガラシ・牛肉・朝鮮ニンジン・ニンニク・粉乳・タマネギ・胡麻・柑橘・リンゴ・ブドウ・ナシ・天然蜂蜜・桃・サツマイモ・馬鈴薯・豚肉・鶏肉・大豆・葉タバコ・平茸・ハクサイ・イチゴ・スイカ・キュウリ・大根・マクワウリ・長ネギ・トマト・飲用乳・ズッキーニ・朝鮮レタスである。

量の減少」を予測する部分均衡モデルがより信頼できる[23]。

　生産者の収入減の幅が大きい品目（四捨五入した減少率10％以上）について、競争性の指標（**表2-2参照**）と照らしながら検討してみよう。最も減少率の大きい品目は粉乳とトウガラシであるが、これら品目については競争性指標が示されていないので、この２品目を除こう。

　以下の品目をRCA指数、TS指数、輸入量を考慮して見ると、大豆（RCA指数0.02、TS指数－１、米国占有率85.3％、以下同順）、牛肉（0.97、－１、70.5％）、豚肉（0.38、－１、7.1％）、ブドウ（1.09、－１、33.2％）は米国が韓国より比較優位にあり、韓国輸入市場に占める割合も大きい。鶏肉は国際市場での競争性には差がないものの、米国が一方的に輸出し、その占有率も高い（0.02、－１、46.6％）。リンゴ・ナシは韓国が比較優位にあり、輸出する品目であるが（0.29、１）、リンゴの生産者収入減少率は２割を超えている。

　以上のように、農業部門においては、韓国の対米競争力の劣位と産業内貿易が極めて少ない可能性、また主要品目に受けるダメージの大きさを、韓国政府として事前に詳細に把握または認識しながら韓・米FTA交渉に臨んだといえよう。

４．国内世論の変化と農業部門の交渉過程

　2003年８月韓国政府は「対外経済長官会議」においてFTAロードマップを採択し、2006年２月３日の韓・米FTA推進の公式発表まで可能性の模索と影響の研究、世論調査を重ねてきた。政府資料、メジャーマスコミの報道などを用いながら農業を犠牲にする韓・米FTAについて世論はどうだったのか。農業部門の当初の目標は何か。どのように妥結に至ったのかについて世論の動向を交えながら考察を行いたい。

23　国民所得の変化や農業投入財の価格変化など、マクロ経済全般の変化を反映していないという欠点がある。

第2章　FTAによる自由化路線への転換と世論の変化

1）農業自由化への国内世論の変化

　WTO農産物交渉に反対する動きが世論に注目されたのは、第5回WTO閣僚会議である。それは、開催地のメキシコ・カンクン市に幾つかの農民団体が参加したなかで、韓国農業経営人中央連合のイ・キョンヘ元会長が割腹自殺した。これについて進歩系の中央紙は言うまでもなく、保守系の中央紙も同情的な記事を掲載した。しかし、10日後に執り行われた国内の葬儀では、警察と農民団体が激しく衝突し、行き過ぎた農民の自由化反対デモに批判の声も上がってきた。その後、農民の自由化反対が世間に注目されたのは、第6回WTO閣僚会議（香港）への遠征デモである。これについてマスコミは農民団体の意見を掲載するなど中立的な態度を示したが、保守系のマスコミは厳しく批判した（**表2-6参照**）。

　このような状況において、韓国政府は韓・米FTA実務事前者会議の前に、世論調査を行った。最初の調査は全国経済人連合会（以下、「全経連」）によって2004年11月に実施された。この調査は「全経連」会員企業の最高経営責任者（CEO）や役員127名を対象としているが、その結果は86.6％が韓・米FTAに賛成で、3～5年内の関税撤廃を望む割合も67.9％に達している。同月に韓国貿易協会が会員企業のCEO510名を対象とした調査では76.6％が賛成し、1～2年内の締結を望む割合は65.1％であった。これら2つの調査は、自由貿易の利益を得る立場にある人々への調査であるので当然の結果といえる。

　1か月遅れて韓国ギャラップ社が2004年12月に20歳以上の成人1,000名を対象に調査した。その結果、80.4％が賛成し、69.2％が3～5年以内の関税撤廃が望まれるとしていた。

　この結果をそのまま解釈すると、FTAについてはその受益者たる経営者と国民一般とが掛け離れていないことである。踏み込んで言えば、韓・米FTAについて国民の多数が支持していることを示唆している。これら一連の世論調査の結果を見て、政府は韓・米FTAへ本格的に動き出すことにな

表2-6 米・韓FTA妥結までの主な出来事と世論の変化

日　　時		主な内容
2003年	9月	第5回WTO閣僚会議（メキシコ・カンクン市）に抗議し、韓国農業経営人中央連合会元会長自決
2004年	11月	APEC（チリ）で米韓通商長官会談。FTA事前実務会議の開催合意
	11月	全経連会員社意向調査：FTA賛成86.6％、反対13.4％
		貿易協会輸出入企業意向調査：FTA賛成76.6％、反対16.3％
	12月	韓国ギャラップ世論調査：FTA賛成80.4％
2005年	2月	FTA事前実務会議開始
	12月	第6回WTO閣僚会議（香港）に900名余りのデモ隊参加
2006年	2月3日	FTA推進公式発表
	3月9日〜5月5日	政府：民間業界の意見を収斂
	5月19日	米韓の草案交換
	6月2日	第1回政府公聴会開催（農民団体の反対で流会）
	6月2〜4日	韓国日報、KBS世論調査：FTA賛成（58.1％、39％）、反対（29.2％、22％）
	6月5〜9日	第1次交渉
	6月27日	第2回政府公聴会開催（農民団体の反対で流会）
	7月4日	MBC特集番組「参与政府と韓米FTA」放送
	7月5日	政府：MBC番組に対する反論
	7月6〜12日	MBC・韓国社会研究所・SBS世論調査：FTA賛成（42.6％、33.2％、30.4％）、反対（45.4％、62.1％、52.3％）
	7月18日	MBC：2回目の「韓米FTA2」放送
	7月19日	政府：前日のMBC放送に反論
	10月1〜3日	MBC・KBS世論調査：FTA賛成（45.1％、48.8％）、反対（41.1％、42.3％）
	11月6日	大統領の国会本会議演説（FTA情報開示の約束）
	12月8〜12日	韓米FTA民間対策委員会世論調査：FTA賛成55.4％、反対35.3％
2007年	2月10〜13日	SBS世論調査：FTA賛成50.6％、反対43％
	3月8〜12日	第8次交渉。交渉終了
	3月26〜4月2日	米韓通商長官会議。交渉妥結

資料：外交通商部自由貿易協定ホームページ（www.fta.go.kr）、韓米FTA民間対策委員会（www.yesfta.or.kr）朝鮮日報（www.chosun.com）、東亜日報（www.donga.com）、ハンキョレ新聞（www.hani.co.kr）から作成。

り、2005年2月に「韓・米FTA事前実務者会議」を開始した。

　このような経済開放への世論の支持、すなわち農水産業保護への風当たりは、ガット農業交渉直後と様相が違う。韓国政府は1991年に「農漁村構造改善特別会計」を設け、42兆ウォンの農漁村投融資計画（1992年〜2001年）を立てたうえ、さらなる農業予算の確保にために、1994年に時限立法の「農漁村特別税法」を制定し、農水産業の国際競争力向上と農漁民の生活向上に充てようとしていた[24]。同法の目的が農漁業の競争力強化と農漁村の産業・地

24　10年間の時限立法であるために、本来であれば2004年6月30日で終了するはずだったが、2003年に10年間の延長が決まった。

第2章　FTAによる自由化路線への転換と世論の変化

域基盤整備にあること（第1条）、農漁民または農漁民を構成員とする団体には免税措置を与えていることから、その目的が農水産業の手厚い保護であることが推察できよう。このように農水産業を優遇する法律を、世論が容認した当時に比べ、今回の韓・米FTAに対する世論はそれ以前とは大きく変わったといえよう。

　FTA推進が公式発表されてからの世論の変化について見てみよう。政府が第1回公聴会を催したのは発表から4カ月後の2005年6月のことである。その間、農業所得減少額が最少で1兆6,000億ウォン～最大で8兆ウォンという予測が農民や農業団体に伝えられたため、公聴会は激しい農民の反対で流会となった。また、会場での農民の訴えや実力行使の様子がマスコミによって国民に伝えられる事態まで展開した。この直後の世論調査（2005年6月2～4日）では韓国日報（賛成58.1％、反対29.1％）、KBSテレビ（賛成39％、反対22％）共に、1年半前の2004年12月時点に比べ、賛成が激減したことを示している。これは、韓・米FTAが具体的に迫ってきていないときと、目の前に迫ってきた時で、国民の農業保護への意識が大きく変化した結果であるといえよう。韓・米FTAが抽象的な段階（2004年世論調査）では農業にはガット農業交渉以降十分に投資してきたという意識が先行していたが、推進が公式に発表された段階になると十分投資したといえ韓・米FTAで農業は大きなダメージを受けるという危機認識へと変化したものと推察できる。しかし、その変化は世論を逆転されるまでは至らなかった。その最中に開催された第2回政府公聴会も1回目と同じく農業生産者の強い反発で流会となった。

　その後、世論がFTA反対へと急転し始めた。そのきっかけは、最大の民放テレビ局であるMBCが放送した「参与政府と韓米FTA」という特集番組である[25]。その内容の大筋は「外貨危機のとき、韓国外換銀行を不当な安値

25　当時のノ・ムヒョン政権を「参与政府」と呼ぶ。また「MBC PD手帳」という番組は2006年7月5日に放映され、FTAに批判的な報道に対し、韓国財政経済部から強い反発の声明（2006年7月19日）が出る事態まで至った。

で買収した米国の投資ファンドLone Star社が、国民銀行に転売して約4兆5,000億ウォンの裁定利益を得た。当初のFTA計画では韓・米FTAの順番が遅い方だったが、Lone Star社が米国において多方面にロビー活動を展開し、急遽韓・米FTAが浮上した経緯について報道された。NAFTA（北米自由貿易協定）の前例から見ると、米国の投資企業が自由貿易の利益を貪るだけで、カナダやメキシコでは経済的弱者が深刻な問題を抱えており、大変な問題になりつつある」との内容であった。この番組に対し政府は「カナダやメキシコの抱えている経済・社会の問題はNAFTAと関係がない」と、両国に対するOECD（経済協力開発機構）の報告書を用いながら反論し、マスコミ広告などを通じて韓・米FTAの必要性を訴えた。しかしながら、2006年7月6日～12日に行われた世論調査は、韓・米FTA反対の方に傾いたことが示された（MBCテレビ：賛成42.6％、反対45.6％　韓国社会研究所：賛成33.2％、反対62.1％　SBSテレビ：賛成30.4％、反対52.3％）。MBC側も7月18日に再び「ロンスターと参与政府の同床異夢、韓米FTA（2）」を放送した。その内容は前回の内容より一層刺激的となり、韓・米FTAの交渉前に米国が突きつけた「4大先決条件」について詳細に報道された。4大先決条件とは、韓国が自動車、医薬、牛肉、映画（screen quota）の4部門で、すでに米国側に有利な条件を約束してしまったという衝撃的な内容であった[26]。政府は前回と同様に迅速に反論し、政府の対応に間違いがないことや韓・米FTAは重要な国家戦略であることを強調する一方、政府の説明が不十分であったことについて謝るなど、対世論対策に細心の注意を払いながら適切な

26　4大先決条件の内容は次のとおりである。①自動車：年間販売台数1万台以下の自動車メーカーについては排気ガスの規制を緩和する。これによって、アメリカ産自動車の排気ガス規制が緩和されることとなる、②牛肉：アメリカ産牛肉はBSEの発生で輸入禁止となっているが、輸入再開の基準を緩和する、③医薬品：医療保険の適用対象となる医薬品のリスト（Positive List）を作成し、そのリストにある医薬品の使用を奨励する（positive policy）が、この政策をアメリカに有利な方向へ変更する、④screen quota：韓国の映画館は年間130日を韓国映画の上映に充てると決まっていたが、この規制を約半分に緩和する。韓・米FTAが最終妥結した2010年12月時点で、4大先決条件について振り返って見ると、報道自体は間違ってはいなかったことが分かる。

第2章　FTAによる自由化路線への転換と世論の変化

対応を行った。その結果、FTA反対へ傾いていた世論が、賛成へ戻るようになった（MBCテレビ：賛成45.1％、反対41.1％　KBSテレビ：賛成48.8％、反対42.3％）。さらに大統領本人が国会本会議においてFTAに関する情報開示を約束する声明を出すことで国民の不安を取り除くことができたのである。結果、世論の過半数以上の支持を得るようになり、事態は急転した（韓米FTA民間対策委員会：賛成55.4％、反対35.3％　SBSテレビ：賛成50.6％、反対43％）。

2）韓・米FTA交渉

　韓・米FTAの推進を公式発表した直後、政府は各業界団体・自治体に対して要望を求めた。192件の要望が寄せられた中で、農産物に関するものは、輸出に関わるものもあるが、ほとんどが国内農業保護に関するものであった。韓・米FTAの中止を求めたのは、農業関連の2団体と1市議会に止まっていた。むしろ、農産物輸入急増を前提に、その対策を求める意見は多い（**表2-7**）。最大の農業生産者団体である「農業協同組合中央会」は国境措置と米国の輸出補助金への措置を、大きな影響が予想される牛肉・豚肉分野は「先対策」と交渉過程の見直しを、ブドウ生産農家団体は関税撤廃期間の延長を要望するなど、韓・米FTAを事実上容認した上で、現実的にその対策を求める姿勢に転換していることが分かる。

　済州島道議会は柑橘1品目だけに対して、譲許品目から除くように強い要望を出した。それは、済州島の場合、全農家の9割が柑橘類生産に携わっており、農林水産業総生産額の65％（地域総生産額の8.7％、何れも2004年基準）を柑橘類が占めているからである。韓国の輸入オレンジ市場に占める米国産の割合が9割以上である現実を考えれば、柑橘類の関税撤廃は済州島の地域経済に大きなダメージを与えかねない。

　以上のような農業団体からの要望を受けながら、外交通商部は農業分野の交渉目標が、①重要度の高い品目は譲許品目から除くか、関税引き下げ期間

表2-7 農産物生産団体の要望

団 体 名	主 な 要 望
全羅南道羅州市議会	FTA中止、対策樹立後の交渉
韓米FTA農畜水産対策委員会	FTA中止、影響評価の十分な検討
全国農業技術者協会	FTA中止
農業協同組合中央会	センシティブ品目の譲許基準の設定 農畜産物セーフガード用意 米国産農産物へのCountervailing Measures確保 WTOのSPS協定上の権利維持
韓国酪農肉牛協会	対策樹立後の交渉 DDA農業交渉と連携して慎重に推進
韓国養豚協会	対策樹立後の交渉 十分な交渉期間の確保 農畜産業従事者の交渉参加 新しい交渉手続き
韓国鶏肉協会	鶏肉を譲許品目から除外 骨付きもも肉はHSコードの細分化とSG・SSG・TRQの適用
葉タバコ生産協同組合	葉タバコおよびタバコを譲許品目から除外 タバコ原料の原産地表示を義務化
韓国ブドウ会	完全削減期間を10年以上に引き延ばす ぶどうの特別セーフガード導入
済州島道議会	ミカンを譲許品目から除外

資料：韓・米FTA企画団［2006.5］から作成

注：1）SSG（Special Safeguard）は輸入量が一定水準以上に達するか、輸入価格が一定水準以下のとき、発動できる（追加関税を課せられる）。国内産業に深刻な被害の発生が確認できなくても発動できる。
　　2）Countervailing Measuresは、商品の生産または輸出過程において直接的に補助金を課することによって、輸入国に被害が生じるとき、これを相殺する目的で賦課する特別関税である。
　　3）SPS（Sanitary and Phytosanitary Measures）は動植物の害虫・疾病、食品・飼料の添加剤などに対する措置である。
　　4）TRQ（Tariff Rate Quotas）は、一定の輸入量には低率の関税を課すが、それを超過する部分には高率の関税を課する制度である。

を延ばすなどの多様な関税対策をとる、②TRQ（関税割当）[27]の適切な運営をFTA規定に盛り込む、③SG（セーフガード）を設ける、であることを国会に報告した。

交渉の前に両国は草案を交わしたが、韓国は商品貿易分野に6つの章を設

27　TRQ（関税割当）とは、一定の輸入数量の枠内に限り無税または低税率（一次税率）を適用して安価な輸入品を確保する一方、この一定の輸入数量の枠を超える輸入分については、高税率（二次税率）を適用することによって国内生産者の保護を図る仕組み。

第2章　FTAによる自由化路線への転換と世論の変化

けて農業部門を区別しなかったが、米国は農業部門を章として別に設けていた。これについて、韓国側は米国が既存のFTA交渉より攻勢を強めると認識した[28]。

交渉開始から妥結まで、農業部門における毎回の交渉目標と結果を見てみよう（**表2-8**）。1次交渉では、農業部門の統合協定文（consolidated text）作成はできなかった。韓国側はSSG（特別セーフガード）[29]とTRQによる農業保護を図り、米国側はSSG導入反対とTRQへの消極的な姿勢をとっていたので、当然の結果といえよう。

最初に歩み寄る姿勢を示したのは韓国側である。2次交渉において韓国側は、商品・繊維・農産物の譲許案を一括交換することにした。また、農産物は譲許カテゴリや移行期間を品目ごとに差別化して対応した。つまり、全農産物をSSGやTRQで守るのではなく、ケース・バイ・ケースで対応しながら、センシティブ品目はSSGやTRQの導入を交渉したのである。米国側は譲許案の一括交換に合意した。3次交渉では、米国側は一括交換した譲許案に対して現行の低関税品目や非センシティブ品目の更なる譲歩を、韓国側はSSGおよびTRQの導入を主張した。

農業部門の交渉が大きく進展したのは、4次交渉である。韓国側が非センシティブ品目について積極的に妥協しようとしたことと、米国側の農産物SSG運営の協議に応じることによって、農業部門の統合協定文が作成された。この統合協定文の作成により、農業部門も細部協議に進むことになった。5次交渉では、SSGやTRQの内容についても、中長期の譲許品目についても協議が始まった。また、非センシティブ品目は合意が成立し、センシティブ品目の交渉も始まった。その後、6次交渉ではセンシティブ品目についてSG・TRQ・季節関税など多様な保護手段を、双方が模索するようになった。

28　韓・米FTA企画団、外交通商部、外交通商部通商交渉本部の資料より参照。
29　SSG（特別セーフガード）とは、ガット農業交渉において関税化した農産品を対象にした緊急輸入制限措置のことで、輸入数量の急増や輸入価格の下落などが定められた基準を超えた時に自動的に発動することができる。一般のセーフガードと違って、輸出国が対抗措置をとることはできない。

表2-8 農業に関する韓国の交渉方向と結果

日　時	交渉方向	結　果
1次（2006年6月5日～9日 ワシントンDC）	＊意見の差を折衝する ＊統合協定文consolidated text作成 ＊具体的な商品譲許、サービス内容は2次交渉へ持ち込む ＊農産物SSG導入を主張する ＊農産物のTRQ規定を盛り込む	＊農業部門の統合協定文は未作成 ＊TRQについて米側が運営の透明性要求 ＊米側がSSGの導入を反対 ＊相互理解の進展を図る
2次（2006年7月10日～14日 ソウル）	＊農業の統合協定文は継続協議 ＊有利な譲許のため、商品・繊維・農産物の譲許案を一括交換するように推進 ＊農産物の譲許カテゴリおよび移行期間を差別化して対応	＊農産物の譲許案作成は双方が独自に作成し、一括交換する ＊農業分野のTRQおよびSSG導入の必要性を主張した
3次（2006年9月6日～9日 シアトル）	＊農業分野のTRQを方向修正し、SSG導入の必要性を継続主張する （注：米側が8月15日に提案した農産物譲許案は、関税の即時撤廃・2年・5年7年・10年であった）	＊米側は関心品目request listの譲許改善を要求し、重要度の低い品目について譲許水準の改善を要求
4次（2006年10月23日～27日 済州市）	＊関税譲許案のフレームを作り、全体交渉の進展を誘導する ＊相互の非重要品目について妥協案の導出を重点的に推進する（農業も含む） ＊農産物SSGの運営について協議する	＊農業部門の統合協定文作成合意、細部は継続協議
5次（2006年12月4日～8日 モンタナー）	＊主要な争点については妥協可能な代案の用意を推進する（農業分野：SSGとTRQに関する意見差の縮小、具体的な品目は譲許交渉で処理） ＊農業分野の中長期（10年・15年）譲許品目について交渉開始	＊非重要品目の合意確認、重要品目の意見交換 ＊牛肉の重要性を説明
6次（2007年1月15日～19日 ソウル）	＊重要な部門の交渉も進展させる ＊農業部門の重要品目も譲許について意見交換する ＊農産物SSGおよびTRQの具体的内容を交渉	＊農産物は長期にわたる関税縮小期間SG、TRQ、季節関税など多様な方法の模索を検討した ＊非重要品目（野菜類・加工食品）は伸縮的な譲許水準を設ける ＊重要品目のSSGやTRQは継続議論する
7次（2007年2月11日～14日 ワシントンDC）	＊交渉の方向は消費者厚生の増大と競争促進にプラス影響をもたらすように保つ ＊重要農産物は品目別に譲許内容と方式を交渉で模索する ＊非重要農産物は重要品目と連関して対応 ＊農産物SSGとTRQは重要度を考慮して合意へ推進する	＊一部農産物の譲許に合意、300余りの品目は継続協議 ＊農産物SSGおよびTRQの細部については継続協議
8次（2007年3月8日～12日 ソウル）	＊全分野に融通を利かせて、全争点の合意を導く ＊農業分野は超重要品目を除いて全品目の合意推進（SGとTRQを活用）	＊未合意品目の折衝案（SG、TRQ、季節関税など）を3月中に協議する

資料：韓国外交通商部通商交渉本部資料より作成

その中で、韓国は、交渉の基本方向を「消費者厚生の増大や競争の促進へ」と再確認し（7次交渉）、超センシティブ品目を除いたセンシティブ品目も譲歩し、全品目の合意を推進することになった（8次）。

3）農業部門の妥結内容

韓国の品目別戦略は、①米作を守るために、米は譲許の対象外とし、交渉のテーブルにあげることをしない、②センシティブ品目はSSGおよびTRQ導入、関税撤廃移行期間の最大限延長する、というものであった。しかし前節で見たように、5年以内の完全撤廃は品目数で6割を超え、輸入金額では約7割に達する結果となったのである。

締結の経過と結果を見ると、韓国政府は交渉の後半になるにつれ〈センシティブ品目のみを守ればいい〉となっていったようにも見えるが、交渉がはじまる時からすでに米以外のセンシティブ品目は犠牲にしてもやむを得ないという判断が伏在していたのではないか。また、これらのセンシティブ品目よりもさらに重要なものとして位置づけられていた米穀にしても、最初から「譲許外」とされたものの、実は2004年のWTO多国間交渉で、10年間のミニマムアクセス（MMA）[30]を経た後に、関税化へ移行することがすでに決まっており、韓・米FTAだけの2国間交渉では大きな政策的意味を持っていないはずである。これらセンシティブ品目の交渉結果を示したのが表2-9である。

農産物セーフガード[31]の対象となったセンシティブ品目は9品目である。この9品目がセーフガードでいかにも守られるかのように見えるが、米韓FTAにおいて重要な品目は、そのうち牛肉・豚肉・玉ねぎだけである。なぜならば、これら3品目のみが米国産のシェアが大きく、残りのリンゴ・

30　ミニマムアクセス（韓国ではMMAと称している）。
31　韓・米FTAのセーフガードは、第3章農業と第10章貿易救済に規定されている。前者の農産物セーフガードは、輸入量がある一定量を超えれば、自動的に発動し、発動回数は関税撤廃まで制限がない。詳しいことは韓国農林部「Free Trade Agreement between the Republic of Korea and the United States of America」第3章第33条を参照。

表2-9 「譲歩外」の米と、重要品目の交渉結果

品目名	交　渉　結　果
米	＊米と関連16品目：譲許から除外
大豆	＊食用大豆：現行関税（487%）維持、無関税クォータ2万5000t（毎年で3%増量）
馬鈴薯	＊食用馬鈴薯：現行関税（304%）維持、無関税クォータ3000t（毎年で3%増量） ＊ポテトチップ用：季節関税（5～11月）・8年で撤廃 ＊澱粉：10年で撤廃、無関税クォータ5000t（1年で次）→6524t（10年で次）、ASG適用
牛肉	＊屠体と部分肉（冷蔵・冷凍）の4品目：15年で撤廃・同期間中はASG適用 ＊精肉・食用足・食用テール・加工品：15年で撤廃
豚肉	＊冷蔵腹肉・その他部分肉（カルビ、首）：10年で撤廃、同期間中ASG適用 ＊冷蔵部分肉・冷凍肉・食用豚足・加工品：2014年で撤廃 ＊ソーセージ：5年で撤廃
鶏肉	＊屠体・冷凍胸肉・冷凍手羽：12年で撤廃 ＊冷蔵肉・冷凍（足、その他）・加工品：10年で撤廃
粉乳	＊脱脂粉乳・全乳・練乳：現行関税維持、無関税クォータ5000t（毎年で3%増量） ＊混合粉乳：10年で撤廃　＊乳糖：5年で撤廃 ＊調製粉乳：10年で撤廃、無関税クォータ700t（毎年で3%増量）
天然蜂蜜	＊現行関税（243%、TRQ20%）、無関税クォータ200t（毎年で3%増量）
オレンジ	＊オレンジ以外柑橘類：15年で撤廃 ＊季節関税（9～2月）：現行関税（50%）維持、無関税クォータ2500t（毎年で3%増量）（3～8月）：関税30%から始め、7年で撤廃
リンゴ	＊フジ系品種：20年で撤廃、ASG23年で適用　＊その他品種：10年で撤廃、ASG10年で適用
モモ	＊10年で撤廃
ナシ	＊東洋系（日本梨系・韓国梨など）：20年で撤廃　＊その他梨：10年で撤廃
ブドウ	＊季節関税（5～10月15日：17年で撤廃）（10月16日～4月：関税24%から始め、5年で撤廃）
イチゴ	＊生鮮草本類（9年で撤廃）、生鮮木本類（12年で撤廃） ＊冷凍（草本類・木本類）：5年で撤廃 ＊一時貯蔵処理草本類・ジュース（10年で撤廃）、調製貯蔵処理草本類（15年で撤廃）
トマト	＊生鮮及び冷蔵（7年で撤廃）、トマトペースト（即時撤廃） ＊調製貯蔵処理・トマトジュース・ケチャップ・ソース：5年で撤廃
唐辛子	＊生鮮・乾燥・唐辛子粉など：15年で撤廃、ASG18年で適用　＊冷凍：15年で撤廃
残り果菜類	＊キュウリ（即時撤廃）　＊スイカ（12年で撤廃）　＊メロン類（12年で撤廃） ＊カボチャ（即時撤廃）・乾燥（10年で撤廃）
ニンニク	＊生鮮・剥きにんにく・乾燥など：15年で撤廃、ASG18年で適用 ＊冷凍：15年で撤廃　＊酢漬け・調製貯蔵処理：10年で撤廃
タマネギ	＊生鮮・乾燥：15年で撤廃、ASG18年で適用 ＊冷凍：15年で撤廃　＊酢漬け・調製貯蔵処理：10年で撤廃
長ネギ	＊乾燥：7年で撤廃　＊調製貯蔵処理：5年で撤廃　＊その他ねぎ類：即時撤廃
残り葉根菜	＊大根（10年で撤廃、乾し大根：7年で撤廃）　＊白菜（生鮮・冷蔵：5年で撤廃、その他：即時撤廃）　＊朝鮮レタス：2010年で撤廃　＊サツマイモ：10年で撤廃
朝鮮人参	＊水参・紅参・白参など7品目：18年で撤廃、ASG20年で適用、無関税クォータ5.7t（毎年で3%増量）　＊紅参加工品9品目：15年で撤廃、ASG18年で適用 ＊白参粉：10年で撤廃　＊その他高麗人参製品（医薬品）：10年で撤廃（即時撤廃）
その他	＊平茸：即時撤廃　＊葉タバコ：10年で撤廃　＊胡麻：15年で撤廃、ASG18年で適用

資料：農林部「韓米FTA農業部門交渉結果と対応方向」2007年4月
注：重要品目の「飲用乳」はHSコードに分類されていないが、交渉の結果では「ミルク」が10年～12年での撤廃期間が設けられている。

第2章　FTAによる自由化路線への転換と世論の変化

唐辛子・ニンニク・朝鮮人参はアメリカからほとんど輸入されていないからである。

また、TRQ適用は5品目であるが、毎年3％ずつの増量となっている。スタート時点の無関税クォータ量が国内生産量に比べ、多いことが問題となっている。TRQ品目のうち、オレンジは最大イシューの1つであるが、①収穫期の9月～2月は現行関税50％を維持する代わりに、無関税クォータ2,500トンから毎年3％増量する、②端境期の3月～8月は関税率30％からスタートして、これを7年間で撤廃する、となっている。このように生鮮オレンジの輸入急増は避けられたように見えるが、オレンジの需要の大宗であるオレンジジュースの原材料、冷凍オレンジで関税が即時撤廃されており、オレンジジュースそのものも5年後に撤廃されるなど、加工用輸入への対策は不十分である[32]。

以上のように、センシティブ品目の交渉結果は、表面的には、セーフガードで一定期間農業を守る時間を稼いだように見えるが、しかし、実質的には、①米を譲許外品目としたのは国内農業保護の象徴的な意味しか持たず、②農産物セーフガードやTRQ（関税割当）も、国内農業にとって重要な品目を守れる内容にはなっていないのである。

5．政策的対応と世論の動向

1）農業農村総合対策（総合対策）

韓国における農業市場開放はガット農業交渉の結果、米を除いたすべての農産物において相当な水準で開放された。韓・米FTA締結を受けて、農産物の開放水準はさらに加速化すると見込まれる。

消費者選好などによる市場差別化が進む中、国産農産物の高品質化、安全性が担保されれば、生き残る可能性はないとはいえないが、国内の市場規模

---

[32] すでに2005年の加工用濃縮液輸入量は3万9,000トンであった。これを生果に換算すると約40万トンとなり、韓国の柑橘生産量約64万トンの63％に達している。

と経済環境に規定されるために、楽観的な見方はできない。それでは韓国は韓・米FTA妥結に対してどのような対応策を講じるだろうか。

現在の状況から見れば韓・チリFTAのときのような迅速でなお具体的な対応策はみられない。むしろ具体的な被害が予想される地方自治体において本格的に対応策が検討されており、これから注目すべきことだろう。

政府主導の対応策が講じられない理由としては、すでにFTAに対する総合的な対策があるからである。したがって、改めて打つ手は想定されてないように見受けられる。それは、2003年11月に盧武鉉大統領の提案によって、韓国の農業基本法といえる「農業農村総合対策」(以下「総合対策」という)が策定され、施行されていることに起因する。

「総合対策」は今後の10年間の農業発展と生産者の福祉増進のいわゆる青写真が描かれている。政府は、当初からWTOドーハ開発アジェンダ(Doha Development Agenda)/自由貿易協定(FTA)など農産物市場開放に対応するために、国内農業の競争力を高め農家所得を支援するためにこの政策を位置づけている。すなわち輸入開放に備えた長期ロードマップの性格を有している。

したがって総合対策がFTAの対策として活用されることは当然である。また施行初年度である2004年の対策樹立の時から環境変化に適切に対応するために3年ごとに成果を評価し、足りない部分については修正を行うこととしており、この過程で韓・米FTA締結によって追加的に発生する被害に対しては、その都度、応急的な対策が講じられるとは思うが、基本的な政策は「総合対策」の枠組みに沿って実施される。

2) 農業保護への批判

WTO体制後、多国間交渉が進展しないため、経済の地域統合が急速に進んでいる。そのような国際潮流のなかで、韓国は2004年の韓・チリFTAを皮切りに2国間の経済統合を積極的に進めている。その背景には韓国経済の置かれている国際市場での立場がある。韓国の貿易は原料や部品・機械類を

第 2 章　FTA による自由化路線への転換と世論の変化

外国から輸入し、完成品を輸出する構図となっているが、その工業製品輸出は「縮小しない先進国との技術水準差と後発国（中国やASEAN）の追い上げ（nutcracker論＝クルミ割論）によって、国際市場で競争力を失いつつある」という危機感である[33]。つまり、輸出・輸入がGDPの75％（2008年）を占めている韓国にとって、2国間経済統合の乗り遅れによる外国需要の停滞は、経済成長の頭打ちにつながりかねない。とくに3大経済圏域（米国・EU・日本）とのFTAは重要な対外経済戦略であり、かつ成長戦略である[34]。

それ故に、韓国政府は韓・米FTAの影響についての事前試算結果が、対米貿易黒字および農業生産額の減少をもたらすことを示していても、米国による韓国国内への投資の増加が長期経済成長を促すことを示しているために、韓・米FTAを推進したのである。韓国政府は農業保護の代わりに長期的な経済成長を選択した[35]。

「若干の農業犠牲を招いても、経済政策を長期的な成長潜在力の育成に置き、そのために国内基準を国際基準に合わせる自由化を進めるべきだ」という見解は既にあった[36]。10年余りの時を経て急に実行へと移ったのは、世論

33　メジャー新聞の朝鮮日報は2006年9月14日付けの記事に「世界は走っているのに韓国は沈んでゆく。中国の価格競争力と日本の品質競争力に挟まれた、いわゆるナットクラッカー経済の限界がまた現れている」と掲載している。
34　巨大経済圏とのFTAの重要性について李鴻培・金良姫・金恩志・程勲「日本の通商政策変化と韓国の対応方案：FTA政策を中心に」政策研究03-09、対外経済政策研究院、2003年9月、を一部引用すると、「韓国にとって米国は…世界最大の購買力を有する市場であり、対米関係の重要性は暫くの間変わらない。この点についてはEUも同じである。従って韓国も地域主義に…EUとの関係維持を看過してはならない」と結論付けている。このような認識は一部の学者に限られているものではない。現に韓国は2010年10月にEUともFTA締結を結んでいる。
35　郭ジョンス「韓米FTAの政治経済学」CEO Information 第555号、三星経済研究所、2006年5月、によれば韓・米FTAは政治的に北東アジアにおける韓国の安保をより確かにするという見方も多分に含んでいると指摘している。
36　副総理兼経済企画庁長官や韓国銀行総裁を歴任し、韓国の経済政策に大きな影響を及ぼす経済学者の趙淳（CHO SOON）「The Dynamics of Korean Economic Development」1994。尹健秀他訳「韓国経済構造改造論」茶山出版社、1996年、pp.241-245、を引用すると、「韓国経済の制度（institution）を作り直す必要がある」と主張し、その中で暗黙的に農業と貿易自由化について論じている。

の変化があったからである。ガット農業交渉後の農業自由化に備え、韓国政府は既存の「農漁村投融資計画」に加えて「農漁村特別税」を1994年に導入し、農業への支援を続けてきた。そのときの世論は農業優遇政策に好意的であった。

しかし、1992年～2003年の間に両事業による総投資額が93兆7,900億ウォンに上ったにもかかわらず、都市と農村間の所得格差拡大と農家負債の増加という結果となった。その理由について実質農産物価格の下落と為替レートの上昇による農業資材価格の上昇の他に、農業投融資の非効率的な運営と執行を挙げている。また、非効率性の原因として①先に財源があって、後に投資計画があったこと、つまり事業計画や経営能力を考慮せずに投資したこと（政府機関や自治体も投資の規模を強調した）②農家の自立的事業でなく、補助金中心の事業であったこと（補助金獲得のために営農法人を急造したケースも多い）③投資の妥当性より地域間の公平性が優先したこと、が指摘されている[37]。

その結果、経済学者による"農業投資は無用論"が登場し、"農業投資は経済論理より政治論理が優先"、"農林投資は国家全体の効率性を低下させる"などの批判が相次いだ。また他方では、1997年に始まった外貨危機から経済の建て直しの間に、所得の格差が拡大し、食料品価格の高さに不満を持った低所得層の消費者が増えてきた[38]。このように農業側の要因と消費者側の要因が重なり、国民のコンセンサスは農業保護から開放化へ移って行ったのである。

---

[37] 金正鎬「第7章農林部門財政投融資の拡充方案」『農業・農村特別対策実践方案　研究』韓国農村経済研究院・新農業・農村特別対策研究団、2006年12月を参照。

[38] 外貨危機による国際通貨基金（IMF）管理下の韓国経済は大きな変革を余儀なくされた。年功序列や終身雇用体系が崩壊し、若年者の失業および非正規雇用が増加した。2007年4月に「韓国消費者保護院」が全国の成人1,000名を対象にした調査（韓米FTAに対する消費者意識調査）によれば「米国産牛肉を購入すると答えた」人が55.8％で、「韓米FTAが消費者利益につながる部門」として畜産物24.7％・農産物24.2％と最も多かった。また、同機関の調査によれば、韓国内の大型量販店の牛肉価格がカリフォルニア州のそれより5倍高かった。

第2章　FTAによる自由化路線への転換と世論の変化

3）世論の急速な農業離れ

　2006年11月19日、第4次韓・米FTA交渉で米国の譲歩により農産物のセーフガードの受け入れとあわせて米国産牛肉の輸入解禁が決まった直後、韓国の各マスコミは聯合通信発の次の記事をこぞって引用・掲載した。
　内容を見ると「韓国貿易研究所が国際労働機関（ILO）食料品統計と主要国の工産品価格を比較・分析した結果、韓国の牛肉、いも、リンゴ、ニンジンなど農産物価格は世界最高水準であり、主に関税率の差に起因する」と報じた。
　これを転載した『嶺南日報』は「平均関税率64%…市場開放時生産者に大きな損失は不可避である」としているが、韓国保守系の代表格である『朝鮮日報』のインターネット版には「韓国農産物世界最高水準 – 牛肉価格は中国の10倍 – 」となっている。
　そもそも民間研究所の研究成果をわざわざ紹介した背景や、農業部門だけをピックアップし、極めて恣意的なサブタイトルをつけ公開したことは、これまでのマスコミ報道とは違う様相をみせている。
　韓国では、これまで反農業キャンペーンとも取れるようなマスコミ報道はあまり見られなかった。既存税法体系を無視しながら農村支援のための「農漁村特別税」の導入を決定した時や、これまでの農業分野の支援については概ね好意的な報道を行ったこととは対象的である。
　しかし韓・米FTA交渉の過程や妥結に至るまでのインターネットの掲示板を見ると、国産の牛肉価格をめぐる不満や批判が盛んに書き込まれている。
　これを重く見た韓国農林部ではインターネットを通じて、比較データの整合性についての問題を挙げ反論を行っているが、一般庶民が肌で感じている高い価格への不満を看過し、問題の本質を誤ったことで、大きな批判の的となった。結果的に農林部体制そのものの問題を露呈する結果となった。
　つい最近、再開された米国産牛肉の販売阻止のために、生産者と消費者とのトラブルがあったという報道がなされた。韓・米FTAによって都市と農

村間の相互信頼関係は明らかに崩壊したかのように見える。それはマスコミや財界の高度な戦略に巻き込まれたことではなく、消費者の声に真正面から向き合ってこなかった農業生産者の責任が大きいだろう。またそれに適切に対応できなかった農林部、農業関連団体の愚かさだけが浮き彫りとなった。今後如何に国内の農業を立て直していくかが大きな課題となっている。韓国の今後の対応は、日本にとっても興味深いところだろう。

第2章　FTAによる自由化路線への転換と世論の変化

資料

韓国政府のFTA政策の基本戦略（韓国政府の資料から抜粋、2004年）

1．韓国のFTA政策
 1.1　FTAに対する認識転換
 ・ 韓国は1996年に開催されたWTO閣僚会議において、WTOを中心とした多者体制の優越性を支持し、地域主義に対し否定的な立場を堅持したが、WTO体制の発足以降、FTAを締結する方向に政策を転換した。
 ・ 外貨危機以降、FTA拡散に対する対応、対外信任度の再考、外資誘致拡大、輸出市場開拓などを通じてFTAを活用する方向に政策的転換を図った。
 ・ カンクン閣僚会議の決裂以降、FTAなどの地域的統合は一層加速する展望であり、韓国はこのような時勢に対応するため、FTA政策を推進する計画である。また韓国はアセアン＋3の首脳会談を通じて東アジアの経済協力の重要性を積極的支持した。
 ・ FTA政策は改革および開放政策を通じた経済活力の維持、経済主体に対する競争力促進などの手段として活用する。そのために、まずシンガポール、日本、アセアンなどのFTAを優先的に推進し、アメリカ、中国、EUなどとも推進する。

 1.2　推進方向
 (1)　積極的推進
 ・ FTAは地域経済のブロック化に伴う、貿易転換の不利益を回避し、国民所得2万ドルの達成および東アジアの核心国として浮上するための政策的手段である。それを効率的に遂行するためには、戦略的でかつ積極的に、同時推進（MULTI-TRACK）方式で行うことを基本方針としている。

(2) 巨大経済圏とのFTA
- 市場確保、生産性向上などの経済的利益を最大限にするために、アメリカ、日本、中国などのFTAが必要であるが、日本以外に韓国とのFTAを望む国はない。このことを考慮すれば日本とのFTAを積極的に推進し、他の巨大経済圏とのFTAを優先的に推進する。
- 対象国選定原則：経済妥当性、政治・外交的意味、締結費用の最小化、相手国の意向、巨大経済圏とのFTA推進に有利か否か。
- 協定推進中である国：日本、シンガポール
- 短期的な推進国：アセアン、EFTA、メキシコ
- 中長期的な推進国：アメリカ、中国、EU

(3) 国民的共感形成
- 国民の共感なしには効果的FTAの推進は困難であるため、相手国の選定、協定方向、補完対策などに、利益手段の要求を受け入れる体制を作る。
- 公聴会、討論会、業界との対話、政府サイトによる意見収集の手続きを制度化し、FTAの推進状況を適時に国会に報告することで、国民的共感形成に尽力する。

(4) リーダーシップの発揮
- FTA協定に伴う、恩恵を受ける集団と被害を被る集団が常に存在し、国民の完全な支持は得られない状況てあり、強いリーダーシップの発揮なしにはFTAの推進は困難である。したがってこれから強いリーダーシップを発揮する。

(5) 政治的外交的側面
- FTAは経済外的にもあらゆる波及効果が予想される点を考慮し、経済・外交的側面を含めた推進を行う。

第 2 章　FTA による自由化路線への転換と世論の変化

1.3　内外的措置
(1)　産業構造調整および競争力強化
・　FTA は市場を拡大し、産業間の競争を促進して経済的効率を再考する役割を担う。したがってこのような効果を最大限するためには産業の構造調整を図る必要がある。
・　特に次のような分野の育成および構造調整を加速化することで本格的な FTA 締結に備える必要がある。
・　一、高付加価値産業を育成する。
・　二、サービス産業の競争力を強化する。
・　三、労働市場の柔軟性を再考する。
(2)　補完対策の準備
・　FTA の性格上、被害が予想される階層が発生する。したがって FTA を効果的に推進するためには、補完対策を講じる必要がある。
・　しかし個別対策は FTA によってもたらされる生産性向上、構造調整に逆行する可能性があるため、次の点に考慮して補完対策を樹立する必要がある。
・　一、個別 FTA の対策ではなく、分野別対策が望まれる。
・　二、補完対策は被害集団に実質的な効果をもたらすべきであり、一方国際規範、慣行との調和を考慮すべきである。
(3)　組織および体制整備
　　　FTA 推進のための、学界および経済界の意見を効果的反映できる「FTA 推進委員会」を拡大・再編し、政府はもちろんのこと、学界・業界の専門人材を最大限活用できる専門家プール制を運営する計画である。
(4)　FTA 推進規定の制定
・　国民的共感が形成できる FTA 推進規定を設ける。内容は以下のとおりである。
　　１）相手国の選定、妥当性検討、交渉の開始・終了、国内移行などの手続き。

    2）社会各界・各層の意見集約
    3）FTA推進機構の構成運営に関する事項

  1.4 展望
  ・ 韓国は巨大経済圏とのFTAを志向しているが、相手国の選定には様々な困難が山積している。したがって同時並行的に規模が小さい経済圏とのFTAも推進する。

2．FTA交渉と農産物の特別扱い
  ・ FTAは各国の事情によって一部の品目は特別扱いとされているが、開発途上国はもちろんのこと、先進国においても一般的な現状である。
  ・ 各国がFTA締結においてこのような例外措置をとっているのは、経済的要因以外に政治・社会的要因が作用しているからである。
  ・ FTA締結によって生じる利益集団間の所得再分配効果と、これによる経済主体間の利害対立は国内批准に影響を与え、政治的負担が大きい品目は例外扱いすることも多くなっている。
  ・ FTA締結可能性とFTAによる経済的厚生の増加の間にはトレードオフ関係が成立するため、主要品目を例外にする時、経済的厚生は減少する。しかし締結可能性を高めるためには不可避な選択となっている。
  ・ ほとんどの地域貿易協定において主要品目を例外または猶予として扱っており、移行期間も10年に及ぶ（NAFTA（北米自由貿易協定）15年、メルコスール（南米南部共同市場）18年など）。
  ・ 開発途上国間における経済協力のための地域貿易協定はGATT総会の決定によって前述のような条件をクリアしなくてもよいとされている（enabling clause）。このような例はバンコク協定、AFTA（ASEAN自由貿易地域）などがある。
  ・ 最近妥決されたFTA協定を見ると、EUとメキシコ間には42％の農産物が特別扱いとして処理された。

- 農産物輸出国であるアメリカ、カナダ間のNAFTAでも、アメリカは58品目（全体の4.8%）、カナダは35品目（全体の3.4%）の農産物が関税撤廃から除外された。またカナダとメキシコの協定にはカナダ78品目（全体の7.5%）、メキシコ87品目（全体の8.7%）が関税撤廃から除外された。
- 先進国間のFTAにおいて農産物が特別扱いされる理由は農業の特性から起因する。

   市場自由化による農業部門への影響は社会的に受容できないほどの社会的な費用を発生させるからである。さらに農業部門の構造調整は長時間を要するため、FTAのような一時的な影響に耐えない側面も考慮されている。その他、農業・農村が持つ社会・政治的重要性も協定の中に反映されると思われる。

3．FTA政策推進の課題
3.1　脆弱産業問題
- FTA締結において一番の問題は相手国との比較優位で弱い産業の構造調整の問題である。FTAによって恩恵を受ける部門とそうでない部門が顕在すると、FATの推進にも大きな障害になると思われる。
- このような脆弱産業は農業部門である。したがって今後のFTAの推進に当たっては農業部門への対策や対案を明確に提示する必要性がある。
- 農業部門が国際化と自由化に障害要因にならないためには、市場自由化に伴う構造調整に支援する必要がある。
- 農業部門の構造調整には市場経済に相応しい方向で推進しなければならない。基本的には市場保護政策の転換が必要である。したがって育成する部門の選別は市場機能に任せることが一番効率的である。さらに農業部門への支援においても社会的な費用を最小化する方向で行わなければならない。この過程で起きる市場の失敗は政府が補完し、農

業の多元的機能が維持できるような資源配分に重点を置く必要がある。
- 巨大経済圏とのFTA締結には日本とのFTAおよび脆弱産業問題の解決に大きくかかわる。
- 韓国・チリ間のFTAは農業部門に被害が大きくなったが、日本とのFTAは中小企業、部品製造業、自動車、機械産業にも被害を及ぶと予想される。とくにこれら産業の構造調整に伴い労働組合を中心とする社会的葛藤が増幅されれば、社会的費用はさらに増加する可能性が高い。したがってFTAをめぐる利益集団との利害調整、政治的リーダーシップが最も要求されている。

3.2 被害補償対策
- FTAによって被害を受ける産業はほとんど農業、一部製造業部門となる。
- 韓国・チリ間のFTAによる果樹産業の被害額は2004~13年間に粗収入換算で4,500億ウォン(粗収入から経営費を差し引いた所得収入換算では2,579億ウォン)と推定される(桃の輸入時期を2008年と仮定)。
- 韓日FTAによる被害産業は中小企業、部品製造業をはじめ、自動車、機械産業など大企業も含まれると予想される。さらに労働組合を中心として失業対策を要求する可能性が高い。
- 韓国・チリFTA締結による農業部門への支援額は7年間に1兆ウォン規模の投・融資を計画している。1兆ウォンのうち、投資は6,300億ウォン、融資は3,600億ウォンとし、捻出はFTA基金から8,000億ウォン、地方税から2,000億ウォンである。
- 所得保全直接支払い:平年価格の80%を下回った時、下落分の80%を保全。
- 被害補償:300坪当たり1,000万ウォン(施設ブドウ)、300坪当たり400万ウォン(キウィ、桃)
- 競争力再考:優良苗、規模化、流通施設、生産施設など支援

第 2 章　FTA による自由化路線への転換と世論の変化

- しかし被害補償は短期的な措置であり、中長期的には農村への基盤整備、投資などを併合して該当当事者はもちろんのこと、農村住民多数の合意を引き出さなければならない。
- 農業被害は該当品目はもちろんのこと、消費代替効果などにより、農業全般に拡散する傾向もある。したがって交渉過程で社会費用の最小化を実現するためにも直接的な被害補償の提示が必要であり、そのことで不確実性からくる不安を取り除かなければならない。
- しかし中長期的には個別品目の対応より、経営体別対策、社会安全網の対策を中心に据える。

3.3　対内交渉の重要性

- FTA は経済的要因以外にも政治的考慮事項がある。FTA 締結の可能性は政治的収益/費用関数として見ることもできる。政治的収益/費用は FTA 締結による所得再分配効果とこれをめぐる利益集団の対立として見ることもできる。
- FTA 政策は国内利益集団間の調整段階と国間の均衡を達成するための対外交渉段階として分けることができる。
- 対内交渉段階においては社会的加重厚生関数を最大限する方向で調整しなければならない。したがって被害階層により多くの配慮が必要とされる。政治的負担が大きい主要品目については例外扱いにするのはこのような背景が存在しているからである。
- 韓国の FTA は対外交渉より対内的交渉に大きな障害要素が多く、対内交渉に影響を与える要因としては、交渉事項の性格、内部集団の反応、交渉事項の政治的性格、政治的リーダーシップなどが指摘できる。
- 韓国においては上記の 4 つの要因の中、FTA に有利に作用するのは何 1 つ存在してない。

　　内部集団の反応は非対称的あり、利害関係は明確である。さらに利益は分散傾向があるため、被害をこうむる集団の結束力ははるかに硬

い。
　さらに韓国は各種団体（NGO、労働組合など）の増加による交渉段階から政治的性格を帯びる傾向が強い。しかしこれに対して政治的リーダーシップは弱いと評価されており、内部集団の反発を解消できるような政治的な決断を下すことは困難である。
・対内・外の交渉は同時に展開されることから、国内利益集団の利害関係、政治勢力の立場、企業の経営戦略などはFTAに大きな影響を与える要素といえる。したがって効率的な対外交渉を遂行するためには、まず対内交渉に鍵を握っている農業生産者の意見を収斂し、被害産業の合意を引き出すことがFTA交渉の行方を決める重要な段階といえる。

[参考・引用文献]
奥田聡「第6章　韓国の価格競争力と技術競争力－産業競争力の類型別要因分析－」奥田聡編『韓国主要産業の競争力』調査研究報告書、アジア経済研究所、2007年。
韓国外交通商部「韓米FTA交渉目標－国会報告－」2006年4月27日。
韓国外交通商部通商交渉本部「韓米FTA第1次交渉対応方向」2006年6月～2007年3月。
韓国財政経済部「韓米FTA推進関連の報道資料」2006年。
韓・米FTA企画団「韓米FTA関連民間企業・業界・意見提出現況」2006年5月。
韓・米FTA民間対策委員会「韓米FTA関連世論調査結果」2007年1月。
權五復「韓米FTAの農業部門波及影響、韓米FTAが国内農畜産業に及ぼす影響と対案模索のためのシンポジウム」農水畜産新聞、2006年2月。
韓国農林部「韓米FTA農業部門の交渉結果と対策方向」2007年4月13日。
韓国農林部「韓米FTA農業交渉分野の報道に対する政府の立場」2007年5月27日。
郭ジョンス「韓米FTAの政治経済学」CEO Information 第555号、三星経済研究所、2006年5月。
金正鎬「第7章　農林部門財政投融資の拡充方案」『農業・農村特別対策実践方案研究』韓国農村経済研究院　新農業・農村特別対策研究団、2006年12月。
孫ヨル「韓国にFTA戦略はあるか」未来戦略研究院、2006年12月。
梁俊哲「WTO・DDA交渉議題－争点分析と韓国の通商交渉戦略－」韓国農村経済研究院・韓国国際通商学会セミナー、2006年2月。
尹健秀他訳『韓国経済構造改造論』茶山出版社、1996年。
李章洙・朴芝賢・權五復「韓米FTAが韓国農業に及ぼす経済的波及効果」『経済・人文社会研究会協同研究叢書05-05-01』韓国対外経済政策研究院、2005年12月。
李鴻培・金良姫・金恩志・程勲「日本の通商政策変化と韓国の対応方案」『政策研究03－

09』対外経済政策研究院、2003年9月。

第3章
FTA協定を巡る社会・経済的影響とその示唆点

1．韓・米FTAがもたらした米国産牛肉の輸入再開

　2007年6月30日に米韓の両政府代表による韓・米FTA協定書の署名が行われ、あとは国会での批准手続きを待つばかりという状況であった。

　同年12月には任期5年の大統領選挙が控えていることから、新大統領の下で国会批准されることが確実であると思われていた。選挙の結果、10年ぶりに政権交代が実現し、新大統領に当選した李明博氏は韓・米FTAを強く支持していたことや、直近の国政選挙で李大統領の支持基盤であるハンナラ党が大勝し国会の過半数を占めることになったことから、韓・米FTAの国会批准は楽観的に思われていた。しかし米国産牛肉の輸入再開によって勃発した国民によるデモ行進が激しさを増すなかで、韓・米FTAの推進と引き換えに、牛海綿状脳症（Bovine Spongiform Encephalopathy：BSE）の不安を残したままでの米国産牛肉輸入の再開が進められたことが明るみになり、政権運営に大きな支障を来たした。

　本章ではこれら政治状況を含め、韓・米FTAの裏に隠された米国との牛肉交渉の問題点について明らかにすると同時に、チリや米国、EUとのFTA締結における影響について考察を行いたい。

1）輸入再開に対する世論の変化

　2007年12月に実施された第17代大統領選挙で49％の得票率を得て李明博氏

が当選した。韓国では10年ぶりの保守政権の誕生であり、これまで例を見ない高い支持率での当選であったため、国民の大きな期待を受けた出発であった。李大統領は2008年2月25日に公式に就任した。これまでの韓国の政治を見ると、大統領を選出した政党は過半数を超えたことがなく、権力集中型といわれる大統領制にも関わらず、国内政治においては強力なリーダーシップを発揮するまでには至らなかった経緯がある。しかし同年4月に行われた任期4年の国会議員選挙においては、李大統領の支持政党であるハンナラ党が299議席のうち、153議席を確保し、過半数を占める結果となった。韓国は10年ぶりの保守政権の誕生とともに、大統領の強力なリーダーシップが発揮できる絶好の政治環境が整った。また李大統領は韓国財閥の最大手である現代建設の会長出身であることから、就任前から韓・米FTAを強力に支持しており、早期批准への意欲を覗かせていた。さらに韓・米FTAは前の政権下で妥結された経緯もあり国会批准は誰もが楽観していた。

　また李大統領に課されたもう1つの大きな課題は、米国との関係修復であった。進歩政権を自負していた前政権と米国の関係は良いとはいえず、新しい政権では米国との連携を軸として北朝鮮問題を含めた北東アジア問題の解決を強く望む各界からの要望があった。したがって就任してからの公式的な訪米（2008年4月15日～19日）に合わせた形で可視的な成果を示す必要があったといわれている。ちょうど、李大統領の就任に合わせて米国側から早期の韓・米FTA批准を強く求められていたことから、5月24日に終了する臨時国会までの批准は一気に現実味を帯びた。もちろんその時点ではまだ米国からFTA批准の先決条件として出されていた牛肉輸入再開についてはそれほど大きな関心を引くことはなかったのである。

2）牛肉輸入再開に向けての交渉経過

　米国産牛肉のBSEの発生以降、米国産牛肉の輸入再開をめぐる交渉は難航しており、米国の強い要求によって一部制限を加えた形での輸入再開は行われてきた。しかし米国のずさんな管理体制のため、特定危険部位（Specified

第 3 章　FTA 協定を巡る社会・経済的影響とその示唆点

表3-1　米国産牛肉を巡る交渉経過

2003年12月27日	米国産牛のBSE発生で米国産牛肉輸入全面禁止
2006年 9 月 8 日	30カ月未満の骨なし肉に制限して輸入再開承認
2006年11月24日	輸入牛肉から骨片が発見されて一部輸入中断
2007年 4 月 2 日	韓・米FTA交渉妥結
2007年 5 月22日	国際獣疫事務局が米国を狂牛病統制国（2 等級）に判定
2007年 8 月 2 日	輸入牛肉で脊椎骨が発見されて輸入中断
2007年 8 月24日	輸入再開
2007年10月 5 日	輸入牛肉で背骨が発見されて輸入中断
2007年10月12日	米韓牛肉 1 次交渉。SRM 輸入不許可で交渉決裂
2008年 4 月11日	米韓牛肉 2 次交渉開始
2008年 4 月18日	米韓牛肉 2 次交渉妥結
2008年 4 月19日	米韓首脳会談
2008年 4 月29日	韓国文化放送「PD手帳」で米国産牛肉の安全性を取り扱った放送放映
2008年 5 月 4 日	インターネット上での李大統領弾劾署名100万人突破
2008年 5 月14日	国会喚問
2008年 5 月22日	李大統領による対国民談話
2008年 5 月29日	韓国政府が「米国産牛肉の輸入に関する告示」を強行

資料：著者作成。

Risk Material：SRM）が度々発見され輸入の中断を余儀なくされて来た（**表 3-1参照**）。韓・米FTA妥結直後にも輸入再開が行われたが、脊髄が発見され、輸入を中断せざるを得なかった。その後の交渉においては韓国の盧武鉉大統領（当時）の強い意志によって、安全性が確保できない牛肉の輸入は許可しないとの原則を貫いたといわれている[1]。しかし平行線を辿っていた米韓牛肉交渉が 4 月18日にこれまでの検疫条件を大幅に変更した形で輸入を再開する内容で合意した。

当時米国のブッシュ大統領と韓国の李大統領の首脳会談の前日の出来事であった。合意内容を見ると、韓国は米国から月齢30カ月未満の牛肉は扁モモ部（舌の付け根）、回腸遠位部（小腸の末端）を除いたすべての部位の輸入が認められており、その部位には頭蓋骨、脳、3 次神経節、眼球、背筋骨、脊髄、背筋神経節など大部分の特定危険部位（SRM）を含むことであった。

30カ月以上の牛肉についてはSRMを除いたすべての部位（骨を含む）の輸入が認められた。

1　2008年 5 月14日の韓国の国会喚問での前農林部長官の証言など。

表3-2 米国産牛肉の輸入条件（特定危険部位〈SRM〉）の変化

分類	骨なし牛肉	骨	内臓	特定危険部位（SRM）					
				頭蓋骨	脳	脊髄・脊柱	眼球	扁桃	小腸の末端
20カ月未満									
20〜30カ月									
30カ月以上									

資料：著者作成。

表3-2は、交渉前後の輸入条件を示しているが、×の部分が今回の交渉で改めて認められた部位であり、■の部分は交渉前に輸入していた部位である。

政府の説明によれば、これは国際獣疫事務局（OIE）の基準に従ったので科学的に問題がないとの見解である。しかしなぜ前の政権がこれまで頑なに認めてこなかった部位が、なぜ今回認められたかについては全くの説明がなされていなかった。

その後、国内の大きな反発によって追加交渉が行われ、最終的にSRM部位のすべてが輸入禁止となった。ただしステーキ用牛肉など背骨が含まれる可能性がある場合のみ　輸入が認められた。しかしまだ協定文の解釈を巡っては両国に隔たりがあり、問題がすべて解決したとは言えない状況である。

米国の立場から見れば韓国は牛肉輸出市場としての3番目の規模であり、経済的利益が得られたことはもちろんのこと、日本を含む他国との牛肉を巡る交渉を自国に有利に展開できる環境を作ったことが大きな成果である。このことから韓・米FTA妥結の先決条件として、なぜ米国がそれまで執拗に牛肉の輸入再開を迫ったかが読み取れる。しかし前の政権で米国と大きな意見衝突があって結局合意までに至らず、韓・米FTAの最終案が作成されたという経緯がある。しかし、米国内の畜産関連企業から出た強い反発を重く見た米国政府は李大統領の訪米に合わせて、韓・米FTA批准の先決条件の1つとして牛肉の輸入再開を再度強く受け入れるように促すしか他の方法はなかったと考える。

韓・米の第2次牛肉交渉の結果を見ると、韓国国民の生命を担保に米国の主張をそのまま受け入れたとしかいえない結果となったのである。

第3章　FTA協定を巡る社会・経済的影響とその示唆点

3）世論の変化と政府の説明責任の不在

　以上、米国牛肉の輸入再開をめぐる交渉内容について考察してきたが、問題はそれだけにとどまらない。実は今回の交渉では一般的な衛生基準も一緒に引き下げられたのである。

　これまでの衛生基準では米国内で韓国向けの輸入牛肉を処理すると畜場は韓国政府が承認し、米国政府認定の獣医が検査することが義務付けられていたのに対し、2008年の新たな基準では、米国政府が承認したと畜場で農務省（Department of Agriculture）の検査官が検査を行うと変更された。さらに放射線、紫外線処理した牛肉は原則的に輸出できなかったが、韓国の法律で認められる範囲においては輸出可能であるとの変更が加えられた。

　これまで韓国政府が堅持し続けた韓・米FTAと牛肉輸入は別個の問題であるとの姿勢から180度転換したことを意味する。もちろん前の政権においても多少米国の要求に従った向きはあるものの、少なくとも最低限の安全性が確保できるラインは守ってきた。

　今回の交渉によって、これまでの政府方針が政治的決断によって完全に覆されたことを意味する。それでは何故、韓国政府は大統領の訪米に合わせた形で政治的決着を図ったのだろうか。それは2つの側面から考えることができる。まず国内政治との関連である。圧倒的ともいえる支持によって誕生した李明博政権にとって、最大の政策目標は「経済発展と雇用創出」であり、その突破口を韓・米FTAに求めようとしたことは貿易依存度が高い韓国にとっては自然な流れである。

　また外交の面においては、これまで冷え切った米韓の関係を正常に復元するためにも韓・米FTAは重要であり、次の米国大統領選挙は、民主党優勢といわれる中、韓・米FTAを早期に成立したいとの焦りがあったと思われる。

　李大統領は過大な国民の期待に応えるためにも、リーダーシップを内外に誇示する必要性があったと思われる。したがってこの訪米は今後の政権運営

に絶好のチャンスと捉えたはずである。したがって韓・米FTAの先決条件である牛肉輸入再開は当然の道筋であったことは否定できない。しかし国民の生命を担保とする形での政治決着は悲劇の始まりであった。

　筆者がこれまで機会がある度に指摘したように、韓・米FTAへの国民の支持の高まりと、農業保護政策について世論の支持が急速に弱まっていったことが、そのような政治的判断を容易にさせた一因であるように見える。

4）世論の変化と政府支持率の急転

　交渉内容の発表以後、政府決定に対して議論が巻き起こった。政党、マスコミ、専門家を巻き込んだ議論は賛成と反対に真二つに分かれ、議論がさらに大きく増幅される結果となった。韓国の世論形成の大きな軸であるインターネットの掲示板への書き込みから始まった世論の盛り上がりに対し、一般の保守系の新聞から痛烈な批判が繰り返される様相となったが、全国民を巻き込んだ論争に発展するきっかけになったのは、2008年4月29日の韓国のテレビ局・文化放送（MBC）の報道番組である「PD手帳　緊急取材！　米国産牛肉、果たして狂牛病で安全なのか？」が放送された後である。米国牛肉の安全性問題を鋭く指摘した番組は一気に全国民の注目を引くようになるとともに、李大統領個人のホームページに批判が書き込まれ、あまりの多くの批判と接続の集中によって直ちに閉鎖されるまでに至った。なお李大統領に対する弾劾署名運動がインターネット上で呼びかけられ、5月4日に署名数は100万人を突破した。5月2日、3日には大規模デモ行進が行われ、国内はもちろんのこと、外国のマスコミにも大きく取り上げられた。またデモ行進に参加した大半が、18歳以下の中高生であったことが大きな話題となったのである。インターネットによる世論形成が一般的に大きな力を持つ韓国特有の事情の反映とともに、インターネットを利用する多くの年齢層が中高生であることを考えれば、当然のことである。しかし政府は、このような現象を操作された世論と位置づけ、適切な対応をしないまま突き放した。これがすべての問題の発端である。これによって反政府キャンペーンはインターネ

第3章　FTA協定を巡る社会・経済的影響とその示唆点

ットに止まらず、連日のデモ行進に繋がり、また行進に参加する年齢層が中高生から主婦、青壮年にまで拡大する事態を招いた。事の深刻さに気づいて、政府は5月6日には農林水産食品部と保健福祉家族部が主催する「米国産牛肉の安全性説明会」がソウル世宗路外交通商部庁舎で開かれたが、対応の遅さとお粗末さだけが浮き彫りとなり、李大統領の支持率は3割を切る状況まで追い込まれた。

　追い討ちをかけるように、5月7日には牛肉交渉に関わった政府関係者らの国会喚問が行われ、農林水産食品部を含む交渉担当部署のずさんな対応ばかりがクローズアップされる結果となり、より深刻な事態にまで発展した。とくに米国でBSEが発生しても韓国独断で輸入禁止措置を取ることができないことが明らかになり、さらに政府の隠蔽工作や政策における一貫性の欠如が曝き出された。

　結果的には、韓・米FTAを急ぐために担当部署は何もできず米国の条件をそのまま受け入れた事実が明らかになり、世論は再交渉要求から韓・米FTA反対までにエスカレートした。連日、1万人を超えるデモ行進による反政府キャンペーンが続き、国会喚問や政府による説明会にも関わらず、政治不信はますます強くなり野党だけではなく、与党の中からも批判の声が上がり始めた。

　野党は牛肉再交渉なしには韓・米FTA批准なしの政治攻勢をかける一方、デモ行進が一向に収束する気配がないことから、急遽、5月14日から米国政府の担当者が来韓し、追加交渉が始まった。自国に有利な交渉結果であった米国としては韓国の再交渉への要求について頑なに反対したが、韓国のデモ行進が反米の色彩を強く打ち出していることから、異例ともいえる再交渉を受け入れた。しかし5月20日に発表された追加交渉の結果は、国民から見れば到底満足できる水準ではなかった。

2．牛肉輸入再開がもたらした諸問題

　一番の焦点である米国でBSEが発生した場合、韓国政府独自の判断で輸入禁止措置が取れるか否かについて、政府は、GATT20条やWTO協定を援用し、国民健康の損害が明確に予測される場合、輸入禁止措置を取ることが認められるとの見解を示し、米国も合意したと発表した。しかしその場合、明確な因果関係について科学的根拠を持って米国に提示する義務が発生するために、事実上禁止措置の権利確保とは程遠い結果となった。さらに安全性確保の観点から国民から出された主要論点である米国のと畜場の承認主体や部位ごとの月齢の表記はすべて米国側に権利を委ねることになり、以前と何も変わらなかった。また今回の追加交渉は国際的拘束力がない別途文書（Letter）としての位置づけであり、紳士協定に過ぎないとの指摘がある。引き続き、李大統領による対国民談話がテレビを通じて全国に放送され、米国牛肉に対する検疫権と安全性が確保されたと再度強調し、国民に対する公式的な謝罪を行った。さらに国会での韓・米FTA批准を強く望むとの内容の演説で括っている。しかしこの大統領の談話にも関わらず、2008年5月24日から25日にかけての大規模なデモ行進が行われた。これまで静観し続けた警察は当日、強制制圧に方針を変えて十数人の学生、市民が連行される事態となった。その背景には初めてのデモ行進がキャンドルに火を灯しながらの平和行進（キャンドル集会）であったものが、24日には大統領弾劾を要求するデモにまで発展し、非常に強い反政府キャンペーンに変わったことに起因する。しかし警察による制圧によって連行・逮捕者が出る中、政府への批判がますます強くなり今後の政局運営において大きな負担になりつつあった。したがって5月にその任期が終わる国会での韓・米FTA批准手続きはできなくなった。こうしたことから2010年12月の韓・米FTA最終妥結までさらに2年あまりの時間を要することとなった。

　筆者は韓・米FTA妥結の要因について、度々、国民コンセンサスが農業

第3章　FTA協定を巡る社会・経済的影響とその示唆点

保護から農産物輸入の市場開放化へ移っていったことが大きいと指摘してきた。結局、農業離れの世論によって成立した韓・米FTAは経済優先の論理で国民の安全を度外視する結果をもたらした。

　農業分野から見ればもう一回、国内農産物の安全性の優位についてアピールできる追い風であった。当初デモ行進の主役であった中高生の願いは学校給食で出る米国産牛肉を食べたくないとの純粋な生存権確保への要求であった。その後、デモに参加する年齢層は段々と広がりをみせ、最後には男女を問わず家族連れまで拡大していった。

　次世代を担う中高生の純粋な願いはもちろんのこと、自国民に安心・安全な食べ物を供給することは、農業に従事する人のみならず、社会の責任であろう。

　筆者は安心・安全な国内農産物の生産には経済発展という尺度では計りきれない重さがあると考えている。今後、このような市民運動を契機に、少しでも、安心・安全な農産物について考えることができればと思っている。2008年に起こったことはその可能性を確認できたよい経験であったと思われる。一過性で終わるのでなく、これからは市民運動と生産者を結ぶ運動が必要なのではなかろうか。その意味から生産者側から消費者・市民への積極的な提案が必要であろう。

3．韓・チリFTAの現状と示唆点

1）韓・チリFTAの締結過程

　韓国はこれまでWTOを中心とする自由貿易体制の優越性を支持し、FTAを含む地域統合はWTO体制に符合しないという立場をずっと堅持してきた。しかしWTO体制のスタート以後にも、地域統合はむしろWTOを補完する形で世界的な拡散が見られるようになった。したがって、今後の輸出増大と海外市場拡大のためにはFTAを含む地域統合に積極的に参加する必要について経済界・学識者から強く求めるようになった。すなわち輸出依存型経済

構造下にある韓国にとって、FTAは重要であるとの社会的関心が次第に高まり、政治的選択を迫られるようになったのである。

それではこのような政策的転換が行われた社会的背景について若干述べて見たい。

1997年に訪れた韓国の金融危機によって改革と開放政策への転換がある程度行われ、地域統合の拡散・深化に対し、既存の経済的利益を損なわないためにもFTAは1つの選択であるとの社会的認識が形成されたといえよう。

このような社会・政治的な背景もあって、1998年11月に韓国政府は自由貿易協定（FTA）を推進することとし、FTAの初交渉国としてチリを選定した。

韓国が初めてのFTA交渉国としてチリを選定した1番の大きな理由には、以下のようなことが考えられる。

まず自由貿易協定の相手国を選定する際、様々な優先事項が検討されるが、まず両国経済における相互補完性が一番の優先事項である。韓国とチリの経済的状況を勘案すると、必ずしも近隣諸国や主要貿易国と比べ経済的効果は大きいと言えない。しかし両国の経済分野の相互補完性を考えると、脆弱な産業部門への被害を最小限に抑えることとともに、南米やアジアといった経済・貿易の拠点地域を確保するには絶好の機会でもある。また、チリとのFTAによって被害が最も大きいと予測される韓国の農業部門においても、一部の果実を除けば、それほど大きな問題にならないとの判断があったと考えられる。さらに、1999年時点での韓国の対チリ輸出品目を見ると、機械、家電製品、織物などの韓国の主力輸出品目が上位を占めている（**表3-3**）。

表3-4はチリにおける韓国の主要製品の市場占有率であるが、これらの品目を細かく見ると、チリ国内における韓国産自動車・エレベーター・テレビは2位、冷蔵庫・洗濯機・電子レンジ・掃除機は1位を占めるなど、韓国にとって如何にチリが重要な貿易国であるかがよくわかる。

また、チリにとっても、1999年時点で、韓国は主要輸出国の中で6番目となっている（**表3-5**）。さらに輸入国の中でも12番目となっており、両国は極めて密接な経済関係を構築していることが分かる（**表3-6**）。同時点での対韓

第3章 FTA協定を巡る社会・経済的影響とその示唆点

表3-3 品目別輸出入の現況（1999年度）

韓国→チリ			チリ→韓国		
品目	金額	割合（％）	品目	金額	割合（％）
輸送機械	153	33.6	非鉄金属	469	57.5
家電用電気	85	18.7	金属鉱物	186	22.8
織物	43	9.5	林産物	51	6.3
有機化学品	36	7.9	有機化学品	17	2.1
産業用電子	18	4	紙製品	59	7.2
ゴム製品	17	3.7	農産物	14	1.7
繊維製品	12	2.6	水産物	12	1.5
一般機械	16	3.5	無機化学物	5	0.6
電子部品	15	3.3	プラスチック	0.6	0.1
油類製品	10	2.2	製薬原料	0.2	0
その他	50	11	その他	1.2	0.1

出所：対外経済政策研究所［2000年］。
元資料：韓国貿易協会「貿易統計」。

表3-4 チリにおける韓国製品の占有率
単位：％

洗濯機	73.1
冷蔵庫	66.3
電子レンジ	61.5
冷延鋼板	62.4
自動車バッテリー	55.3
オーディオテープ	43.7
合成織物	48.8
ビデオテープ	37.8
自動車	26.2

出所：対外経済政策研究所［2000年］。
資料：韓国貿易協会「貿易統計」。
注：1999年の実績。

表3-5 チリの主要輸出国の現況
単位：百万ドル、％

		1997年		1998年		1999年	
		金額	割合	金額	割合	金額	割合
1	米国	2711	15.9	2593	17.1	3089	19.4
2	日本	2676	15.7	2109	13.9	2277	14.3
3	イギリス	1062	6.2	955	6.3	1085	6.8
4	アルゼンチン	781	4.6	703	4.6	727	4.6
5	ブラジル	957	5.6	800	5.3	688	4.3
6	韓国	990	5.8	444	2.9	684	4.3
7	イタリア	500	2.9	621	4.1	637	4.0
8	メキシコ	376	2.2	505	3.3	624	3.9
9	ドイツ	747	4.4	675	4.4	557	3.5
10	オランダ	432	2.5	388	2.6	511	3.2

出所：対外経済政策研究所［2000年］。
元資料：韓国貿易協会「貿易統計」。

表3-6 チリの主要輸入国の現況

単位：百万ドル、％

		1997年		1998年		1999年	
		金額	割合	金額	割合	金額	割合
1	米国	4333	23.6	4164	22.9	3023	21.7
2	アルゼンチン	1837	10	1984	10.9	2022	14.5
3	ブラジル	1243	6.8	1134	6.2	968	7
4	中国	659	3.6	710	3.9	660	4.7
5	日本	1055	5.8	1012	5.6	636	4.6
6	ドイツ	843	4.6	829	4.5	583	4.2
7	メキシコ	1076	5.9	710	3.9	580	4.2
8	イタリア	700	3.8	692	3.8	515	3.7
9	フランス	502	2.7	681	3.7	417	3
10	カナダ	433	2.4	353	1.9	411	3
12	韓国	589	3.2	562	3.1	406	2.9

出所：対外経済政策研究所「2000年」。
元資料：韓国貿易協会「貿易統計」。

表3-7 韓国の対チリ交易の現況

単位：百万ドル

年度	1997	1998	1999	2000	2003	2004	2005	2006	2007	2008
輸出	655	567	455	477	517	708	1,151	1,566	3,115	3,032
輸入	1,162	707	815	750	1,058	1,934	2,279	3,813	4,184	4,127

資料：韓国貿易協会の資料より作成。

国貿易収支が3億6,000万ドル黒字であることもFTA交渉に至った大きな要因である（**表3-7**）。

2）韓・チリFTA締結内容

　チリとのFTA協定に向けて国内の調整を進める中、1998年11月に韓国・チリの首脳会談の結果を受けて1998年12月に韓国とチリ両国のFTA推進委員会が構成され、FTA締結に向けて本格的に動き始めた（**表3-8を参照**）。その後、推進委員会の検討を踏まえて、1999年9月にニュージーランドで開催されたAPEC首脳会談の時に、韓国・チリはFTA交渉を開始することに合意したのである。第3次交渉を終えた2000年11月に両国首脳は再度会談し、早期妥結に向けて合意したが、その道程は険しいものであった。

第3章　FTA協定を巡る社会・経済的影響とその示唆点

表3-8　韓国・チリのFTA交渉の日程

日時	内容
1999年12月14〜17日	第1次交渉開催
2000年2月29〜3月3日	第2次交渉開催
2000年5月16〜19日	第3次交渉開催
2000年12月12〜15日	第4次交渉開催
2002年2月21〜22日	譲歩案交渉再開のための高位級協議の開催
2002年8月20〜23日	第5次交渉開催
2002年9月11〜13日	商品譲歩案別途交渉開催
2002年10月10〜11日	商品譲歩案別途交渉開催
2002年10月18〜21日	第6次交渉開催
2002年10月24日	交渉妥結
2003年2月15日	FTA正式署名
2003年7月8日	FTA批准案の国会提出
2003年8月26日	チリ下院FTA批准案通過
2003年12月26日	韓国国会常任委員会通過
2003年12月29日	韓国国会の本会議で延期（1回目）
2004年1月8日	韓国国会の本会議で延期（2回目）
2004年1月22日	チリFTA上院批准案 満場一致で通過
2004年2月9日	韓国国会の本会議で延期（3回目）
2004年2月16日	韓国国会本会議通過

資料：著者作成。

　2003年2月に両国で交わされたFTA協定は、同年8月にはチリの両議院で批准されたにもかかわらず、韓国国会で翌年の2月16日に批准された。農村地域から選出された国会議員による反対もあったが、何より農業生産者の反発が一番の要因である。したがって2003年2月15日に韓国・チリの外務長官によって署名されたFTA協定は、1年を過ぎた2004年4月1日より公式的に発効されたのである。

　農産物の主要品目についての協定内容を見ると、農業部門に大きな影響が予測される品目については、FTA対象からの除外または7〜16年にかけて関税を漸進的に引き下げることとした。その他、貿易の比重が低い品目や影響が少ないと判断された品目については5年以内に関税撤廃を行うこととした。

　まずFTA対象から除外したのが21品目に上るが、とくに韓国にとって都合が悪かった米、リンゴ（生鮮）、ナシ（生鮮）などが除外された。それ以外、

韓国の主要果樹生産物であるブドウの場合は、季節関税を設け、11月～4月に輸入されるチリ産ブドウに限定して関税（46%）を協定発効後、10年間均等な割合で削減させ、残りの期間（5月～10月）は現在のようなWTO譲歩関税率を適用することに合意した。さらに383品目の主要品目についてはDDA交渉終了後に論議すること合意した。こちらの品目にも韓国に大きな影響を与えるトウガラシ、ニンニク、タマネギ、粉ミルクなどが含まれている。

その他に、具体的な関税撤廃計画をあらかじめ提示せず、DDA交渉が終わった後に改めて論議するとし、まずTRQ（無関税クォータ）を適用し、DDA交渉後に改めて論議するとした品目も18品目に上る。TRQ対象は牛肉（400トン）、鶏肉（2,000トン）、乳漿（1,000トン）、スモモ（280トン）、柑橘類等である。他は概ね10から15年かけて関税撤廃に合意している。ここで韓国農産物に影響を与えると予測されている品目を中心に紹介すると、次のとおりである。

・16年以内撤廃（6年据え置き後、10年間は関税の漸進的削減を行う、12品目）：調製粉ミルク、果実混合ジュースなど
・10年以内撤廃（協定発効後、10年間は均等割合で関税を削減する、212品目）：モモ、豚肉、柿など
・9年以内撤廃（協定発効後、9年間は均等割合で関税を削減する）：その他の果実ジュース
・7年以内撤廃（協定発効後、7年間は均等割合で関税を削減する、35品目）：七面鶏肉はTRQ（600トン）、モモの缶詰め、種子用とうもろこしなど
・5年以内撤廃（協定発効後、5年間は均等割合で関税を削減する、550品目）：糖類、チョコレート、麺類など
・即時撤廃（協定発効後、直ちに関税を撤廃、213品目）：種牛、種豚、動物性油脂、原皮など、がある。また輸入急増で被害発生の恐れがある場合、関税引き上げなど農産物にだけ適用される特別セーフガードを確保した。

第3章　FTA協定を巡る社会・経済的影響とその示唆点

これはWTOのセーフガードよりも発動が容易であり、発動期間および回数制限がないことが特徴である。また第3国経由の輸入防止のために厳格な原産地規定を用意する一方、肉類、新鮮果実類はチリで生産された場合に限定しチリ産として認定する。なお、肉類はチリで生産・と畜されたものに限定した。

今になって振り返って見ると、最初のFTAであったので農業部門に配慮して交渉を行った痕跡が見受けられる。とくにほとんどの農産物の場合、WTOの交渉に合わせた形で先送りしていることも昨今の韓・米FTAやEU FTAの結果から見れば想像ができないほどである。

3）韓・チリFTA対策

FTA締結当初、チリ側は自動車、携帯電話、コンピューター、鉄鋼パイプなど2,450余りの品目（対チリ輸出の67％）の自由化を協定発効後直ちに断行している。また自動車部品、ポリエチレンなどの2000余りの品目についても今後5年間に削減することで合意しているため、韓国の対チリ輸出は大幅に増加すると予測された。加えてFTAに含まれた政府調達協定（チリが推進中である社会間接資本拡充のための大規模プロジェクトであり、年間政府調達規模は20～30億ドル水準である）に韓国企業の参加が認められたため、韓国企業のチリへの進出は活発になることが期待された。

これに対し、一番被害が大きいと予測された農業部門について見ると、チリは交渉当初からすべての農産物を自由化対象に含めるとの立場を固守し、交渉は難航したが、結果的に韓国にとって一番の被害が予測される米、リンゴ、ナシを自由化対象から完全に取り除くことができた。その代わり、チリは韓国産の冷蔵庫、洗濯機を自由化対象から除外した。もちろん韓国政府は農業部門に対して最大限の配慮をみせたが、果樹分野、特に施設ブドウ、キウイ、モモ、スモモなどへの影響は避けられない状況となり、今後大きな打撃を受けることが予測されていた。農林部の試算によれば、FTAの協定結果を踏まえての果樹部門の被害額は今後10年間の間に毎年586億ウォンに及

表3-9　FTA関連の農業対策

2003年7月	FTA支援特別法発議
2003年11月	119兆ウォン農業・農村投融資計画
2003年12月	農漁村特別税法改訂案国会通過
2004年2月	負債軽減特別法およびクオリティ・オブ・ライフ法国会通過
2004年3月	FTA支援特別法国会通過
2004年4月	FTA移行支援委員会および実務委員会構成
2004年5月	FTA実務委員会および国務会議審議を経て2004年FTA基金運用計画確定（1,607億ウォン）

資料：著者作成。

表3-10　果樹農家の申し込み現況

果種	栽培面積 ha（A）	申し込み内訳			
		農家戸数	面積：ha（B）	（B/A）	金額(10億ウォン)
施設ブドウ	1,641	1,145	382	23.3	39.4
モモ	15,880	11,197	4,047	25.5	139.5
キウイ	873	304	88	10.1	3.6
計	18,394	12,646	4,517	24.6	182.5

資料：月刊雑誌『新東亜』2004年10月号より作成。

ぶと予測していた[2]。

　これに対し政府はFTAの支援特別法を策定し、FTA被害による農業部門へ支援を発表した。支援策の内容は、今後7年間に1兆2,000億ウォンの基金を助成し、FTAによって被害を受ける生産者（主に果樹部門）への競争力の向上や経営安定を目的とするとした（**表3-9**）。

　助成金額と助成方法については確定しており、具体的な案は一部確定し2004年6月1日より施行されおり、韓・米FTAや韓・EU FTAにも同じように適用している。

　初年度の基金運用の内訳を見ると、競争力強化に1,181億ウォン、廃園・廃業（リタイア促進）推進に234億ウォン、所得補填に139億ウォンとなっている。それではFTAによる経済的損失を一番受けると言われている果樹分野への支援はどのようになっているかについて若干触れることにしたい。現在確定した支援策は果樹部門に限られているが、その中でも競争力の促進を促すために、廃業補助金制度を設けた（**表3-10を参照**）。これを見ると、そ

2　韓国農林部のホームページから引用。

第3章　FTA協定を巡る社会・経済的影響とその示唆点

れぞれの品種において農業収入のうち純所得額に該当する金額を支給することで、支給を受ける果樹園は実質的に栽培中止となる。品種ごとの支給額を見ると、施設ブドウの場合9,900㎡（3,000坪）当たり1億3,000万ウォン、モモの場合、9,900㎡当たり3,400万ウォンが決定されている。**表3-10**に示されているように、品種によって若干違うが、平均的に廃業面積は全体の2割を超えている。

他の支援策としては、「負債軽減に関する特別措置法」が策定され、中長期の政策資金および相互金融資金などの償還期間を延長または金利の引下げを主要骨子としている。間接的な経営支援に該当する施策ではあるものの、対象金額を見ると、金利の引下げに総額でおよそ25兆ウォン、連帯保証による支援に4,500億ウォンに上ると試算されている。その背景には農業生産者およぶ農業団体からの反発が強く、政権運営に支障を来たすほどであったからである。これについては日本とは若干事情が違う。章末の資料を参照していただきたいが、当時の農業者団体からの要望事項は韓・チリFTAを契機にほとんど政府の政策として採用されるほどであった。しかし第2章で触れたとおり、韓・米FTAを通して農業者団体の発言力を抑えることができ、韓・EU FTAにおいては過去の勢いはまったく見られず、政府の意図のままにFTAは進行していくこととなった。

4．FTA発効後の経済状況と農産物輸入

韓・チリFTA発効以後両国の貿易額は毎年平均35.4％増加して発効5年目の貿易額は発効前に比べておよそ4.5倍増加（2003年5.2億ドルだった対チリ輸出は2008年には30.3億ドルに伸び、およそ6倍増加し、同期間輸入は10.6億ドルから41.3億ドルで4倍増加）した。さらに年々増えていた対チリ貿易赤字は2006年に22.5億ドルを記録した後、2007年には約半分の水準まで縮小している（前掲**表3-7**）。

主要品目別輸入動向を見れば、銅鉱石、豚肉、キウイ、ワインはFTA締

表3-11 チリからの農産物輸入の推移

単位:千ドル、%

品目 基準関税/譲許	2003年	2004年	2005年	2006年	2007年	2008年	5年間 年平均増加率
計	1,057,723 (40.3)	1,933,548 (82.8)	2,279,175 (17.9)	3,812,945 (67.3)	4,183,829 (9.7)	4,127,354 (−1.3)	31.3
銅塊 5%/7年撤廃	510,516 (19.7)	928,016 (81.8)	827,071 (−10.9)	1,189,763 (43.9)	1,381,745 (16.1)	1,486,019 (7.6)	23.8
銅鉱 1%/即時撤廃	219,113 (81.7)	513,102 (134.2)	657,202 (28.1)	1,369,192 (108.3)	1,273,969 (−7)	1,254,562 (−1.5)	41.8
豚肉 26.2%/10年撤廃	30,237 (374.0)	54,725 (81)	80,627 (47.3)	83,557 (3.6)	119,469 (43.0)	89,508 (−25.1)	24.2
ブドウ 45%/10年撤廃	13,656 (57.5)	13,133 (−3.8)	19,158 (45.9)	27,835 (45.3)	47,399 (70.3)	64,217 (35.5)	36.3
赤ワイン 15%/5年撤廃	2,366 (164.4)	6,810 (187.8)	10,251 (50.5)	13,395 (30.7)	23,179 (73.1)	26,943 (16.2)	62.7
エイ(水産物) 35%/10年撤廃	9,962 (75.3)	8,514 (−14.5)	8,484 (−0.3)	8,343 (−1.7)	10,110 (21.2)	7,818 (−22.7)	−4.7
キウイ 45%/10年撤廃	1,758 (29.2)	2,885 (64.1)	7,996 (177.2)	12,255 (53.3)	9,946 (−18.8)	3,964 (−60.1)	17.8

出所:コ・ソンウン[2009年]。
元資料:韓国貿易協会「貿易統計」。

結前から増加していたが、協定発効後も高い増加傾向を見せている。ワイン、ブドウ、豚肉、キウイなど農産物の輸入は発効後大きく増加したが、徐々に安定化している(表3-11)。チリ産ワインの国内輸入市場シェアが2003年に7.2%を占めていたが、2008年には21.7%で大幅増加した。とくに2008年に輸入量が初めてフランス産ワインを追い越した。協定発効後持続的に増加傾向を見せた豚肉は2008年ダイオキシンが検出され輸入が急減したものの、農産物の輸入量は3倍以上も増加した。

経済界の強い要望によって締結された韓・チリFTAは果たして成功したといえるだろうか。

チリは韓国とのFTA締結以降、中国(2006年10月1日)、続いて日本(2007年9月3日)とも締結した。その結果、チリに占める韓国の貿易シェア(輸入量)が2008年に前年比1.6%下落した。一方、中国と日本のシェアは上昇中である。

日本の場合、2004年以後下落したシェアが2007年9月の日・チリFTA発

第3章　FTA協定を巡る社会・経済的影響とその示唆点

表3-12　チリに占める各国の貿易シェア

単位：％

区分	2003(A)	2004	2005	2006	2007	2008(B)	増減(B−A)	5年間年平均輸入増加率
アメリカ	14.5	15.1	15.8	16.0	17.0	19.4	4.9	34.7
中国	7.3	8.3	8.5	10.0	11.4	12.0	4.7	40.4
ブラジル	11.8	12.4	12.7	12.2	10.5	9.3	−2.5	21.3
アルゼンチン	21.3	18.5	16.1	13.0	10.1	8.9	−12.4	6.7
韓国	3.0	3.1	3.6	4.7	7.2	5.6	2.6	44.2
日本	3.6	3.6	3.4	3.3	3.7	4.7	1.1	34.2
ペルー	2.5	3.1	3.7	4.1	3.9	3.3	0.8	33.7
世界	100.0	100.0	100.0	100.0	100.0	100.0	−	27.2

出所：コ・ソンウン［2009年］。
元資料：韓国貿易協会「貿易統計」。

効後、回復し、2008年には4.7％を記録した。チリ輸入市場における日本製品のシェアは2006年3.3％（9位）→07年3.7％（7位）→08年4.7％（6位）と上昇し、韓国に迫っている（**表3-12**）。一方、中国も中・チリFTAが2006年10月に発効し、対チリ輸出シェアが2006年4位から2007年には米国に引き続き2位に浮上した。まるでFTAは工業製品が新製品を投入したときなどに先発者利潤を狙うのと同じ行動様式となっている。

　これまでFTAにおける経済的効果の推定は数値の大きさばかりに焦点を合わせてきたが、それは単に一定の傾向性を持ったものに過ぎず、これを確定的に見る視点を警戒しなければならない。まさに韓・チリFTAはそれを物語っている。今後FTA締結における影響分析は複数のFTAが同時に発効した時や、複数の国が同一国に対しFTAを結んだ時の多元的検討が必要になると考える。国民に対し、持続的な経済利益を享受し、国民経済は豊かになるといった約束は守られるのか。これは読者の判断に任せたい。

5．韓・EU FTAの締結内容と被害予測

1）韓・EU FTAの意義

　韓国と欧州連合（EU）は、2010年10月6日に自由貿易協定（FTA）に正

式署名した。交渉開始から３年５カ月が要した長い交渉であった。またこの署名は、双方が正式に交渉の段階から発効の段階に入ったことを意味しており、他のFTAとはまた違う一面を覗かせる。それは韓国の場合、他のFTA発効手続きと同じように、まず政府が協定文批准同意案を国会に提出する。国会は主管常任委員会の外交通商統一委員会と本会議に案件として回付し、討論と議決を経て、批准同意の是非を決定する手順を踏むが、EU側は、欧州議会の承認を得た上で、加盟27カ国の各国議会でも審議と承認の手順を踏まなければならない。27カ国すべての議会が批准同意するまでには２～３年かかると予測されるため、双方は交渉の過程で、早期のFTA発効に向け、EUの場合は欧州議会の批准同意があれば正式発効と同様の効果を持つ暫定発効を可能にすることで合意しており、協定文にも明記しているからである[3]。さらに双方は、2011年７月１日までに暫定発効するという期限を設けた。このため遅くとも2011年６月までには韓国国会、欧州議会の批准同意を完了しなければならなかった。

　一方、韓・EU FTAが持つ経済的な意味は、韓国がこれまでに締結したFTAの中でも最も大きい経済圏との締結であることはもちろんのこと、すでに締結した米国と並んで、韓国のFTA戦略の１つである巨大経済圏とのFTA戦略が最終段階に突入したことを意味する。EUは世界第１の経済圏で、中国に次ぐ韓国の最も主要な貿易パートナーであるために、EUとのFTAは韓・米FTA以上の経済効果を生むものと期待されている。2008年の韓国・EU間の貿易規模は約940億ドルで、韓米間の貿易額を100億ドル以上上回った。貿易黒字も対EUでは184億ドルで、対米の２倍に迫る（**表3-13**参照）。

　EU加盟国の全人口は５億人で、米国（３億人）より多く、より大きな市場を形成している。さらに、EUは平均関税率が5.6％と、米国（3.5％）より高い。とりわけ韓国の主要輸出品目の自動車（10％）、テレビなど映像機器

---

[3]　韓国連合ニュース（2010年10月６日配信）より引用。

表3-13　韓国と主要国との貿易現況（2008年）

	輸出 (億ドル)	輸入 (億ドル)	貿易額 (輸出+輸入)	商品貿易収支 (億ドル)
中国	913.9	769.3	1,683.2	144.6
EU	583.7	399.8	983.6	183.9
米国	463.8	383.6	847.4	80.1
日本	282.5	609.6	892.1	−327.0
その他	1,976.1	2,190.4	4,166.6	−214.3
全体	4,220.1	4,352.7	8,572.8	−132.7

出所：コ・ソンウン［2009年］。
元資料：韓国貿易協会「貿易統計」。

（14％）、繊維・履物（最高12〜17％）などの税率が高く[4]、FTAにより関税が撤廃されれば、韓国の輸出品がそれだけの価格競争力を備えることになる。また政府の公式的な表現を借りれば、韓国とEUの貿易において黒字である自動車、電機・電子、繊維などの製造業部門が日本、中国、台湾、アセアン諸国より優位に立つという論理である。

さらに、対日貿易赤字が年々膨らむ中、精密機械や部品産業などの分野でEUが韓国の新たなパートナーとなれば、韓国の日本依存度が下がり、対日貿易赤字の解消にもつながると期待される。またEUからの農林水産物輸入額が16.8億ドル（商品輸入額の５％程度）を占めており、米国に並んで農業部門への影響が大きいと予測されている（2008年の実績）。それと何より韓国・EU間のFTAは、締結から３年が経ちながら未だ批准が遅延している韓・米FTAを急がせる刺激となると期待されていた。実際に韓・EU FTA締結の２カ月後に韓国と米国とのFTAは最終決着を迎えた。

２）韓・EU FTAの妥結内容

韓・EU FTAの主要内容を見ると、品目数基準で韓国とEUともに99.6％、輸入額基準で事実上100％を譲許した高い水準である。農業部門に関しては**表3-14**を参照しながら説明をしよう。

---

[4] 韓国国策研究機関（10社参加）共著『韓・EU FTAの経済的効果分析』、2010年10月６日、pp.1-3を引用。

表3-14　農業部門の譲許結果

	韓国				EU			
	品目数（個）		輸入額（百万$）		品目数（個）		輸入額（百万$）	
	個	(%)	百万$	(%)	個	(%)	百万$	(%)
即撤廃	610	42.1	266	19.5	1,896	91.9	45.3	88.3
2〜3年撤廃	17	1.2	244	17.9	10	0.5	0.4	0.9
5年撤廃	278	19.2	380	27.9	119	5.8	5.3	10.3
（5年以内撤廃）	905	62.5	890	65.3	2,025	98.1	51.1	99.5
6〜7年撤廃	48	3.3	56	4.1	−	−	−	−
10年撤廃 注1)	286	19.7	299	21.9	−	−	−	−
12〜15年撤廃 注2)	145	10	112	8.2	−	−	−	−
15年超過 注3)	10	0.7	0.2	0	−	−	−	−
TRQ 注4)	13	0.9	3.1	0.2	−	−	−	−
季節関税	1	0.1	0	0	−	−	−	−
譲許除外/現行関税維持	55	3.8	5.9	0.4	39	1.9	0.2	0.5
小計	210	14.5	118	8.7	39	1.9	0.2	0.5
合計	1,449	100	1,364	100	2,064	100	51.3	100

資料：韓国政府の資料等を参考に著者作成。
注：1）10年撤廃275個と10年+TRQ11個の品目を合わせた数値。
　　2）12、13、15年撤廃と12年+TRQ、15年+TRQを合わせた数値。
　　3）16、18、20年撤廃を合わせた数値。
　　4）現行関税維持+TRQ季節関税+TRQを合わせた数値。
　　5）品目数はHS2006、輸入額は2004〜06年平均。

　まず韓国は主要敏感品目に対して譲許除外、現行関税維持、季節関税導入、10年以上の長期関税撤廃、農産物セーフガード適用などを導入した。これに対しEU側は品目数基準で98.1％、輸入額基準で99.5％を5年以内に撤廃することで早期市場開放を決めた。それはもちろん農産物輸出国ならではのことであり、韓国とは対称的な関係ではないことに注意する必要性ある。

　韓国は直ちに撤廃する農畜産物は品目数基準で42.1％（610品目）であり、輸入額基準で19.5％水準の水準である。

　一方、関税撤廃期間が10年を超過および現行関税を維持または例外と適用された品目は210品目であり、品目基準でいえば14.5％、輸入額基準で8.7％水準である（**表3-14**参照）。

　品目別で見ると、米は除外され、柑橘、トウガラシ、ニンニク、タマネギ、ジャガイモ、大豆、大麦、朝鮮ニンジンなどは現行関税を維持し、全脂/脱脂粉乳と練乳、天然蜜は現行関税を維持するが、一定のクオーターを設定し、輸入することとなった（**表3-15**）。

第3章　FTA協定を巡る社会・経済的影響とその示唆点

表3-15　10年以上長期関税撤廃および例外、現行/季節関税品目（韓国）

	品目数	比重	主要品目
譲許除外	16	1.1	米
現行関税の維持	25	1.7	柑橘、トウガラシ、ニンニク、タマネギ（新鮮、冷蔵、乾燥）、ジャガイモ、大豆、大麦、朝鮮ニンジン、黒砂糖など
現行関税+TRQ	12	0.8	全脂/脱脂粉乳、練乳、天然蜜
季節関税+TRQ	1	0.1	オレンジ
季節関税	1	0.1	ブドウ
15年+TRQ	6	0.4	チーズ、大麦
12年+TRQ	6	0.4	補助飼料、変性澱粉
10年+TRQ	11	0.8	バター、調製粉乳、ホエー（食用）
20年で撤廃	2	0.1	リンゴ（ふじ）、ナシ
18年で撤廃	7	0.5	ゴマ油、ゴマ、ピーナッツ、緑茶、ショウガ
16年で撤廃	1	0.1	白砂糖
15年で撤廃	90	6.2	肉牛、乳牛、牛肉、鶏卵、牛乳、シイタケ、酒精、ソバ、松茸（調製）、澱粉類、緑豆、鹿茸、鹿角、ナツメ、栗、松の実、クルミ（未脱却）、キーウィ、朝鮮ニンジン類、混合調味料など
13年で撤廃	27	1.9	鶏肉（冷凍胸肉、冷凍手羽先）、鴨肉、卵黄、サツマイモ、冷凍ナツメ、ポップコーン用トウモロコシ、スイートコーン（乾燥）
12年で撤廃	16	1.1	ワラビー、荏油、松茸（冷凍、乾燥）、タマネギ（冷凍）、メロン、スイカ、混合ジュース（ブドウ）など
10年で撤廃	275	19	豚肉（冷凍三枚肉、冷蔵三枚肉、くびの肉、カルビ）、柿、羊肉、混合粉ミルク、発酵乳、マヨネーズ、葉タバコ、インゲンマメ、キビ、芽キャベツ、ヒラタケ/こま茸、ニンジン、大根、エゴマ、モモ、マンゴ、パイナップル、梅、フルーツジュース、人工蜂蜜、レモン、ローヤルゼリーなど

資料：韓国政府の資料等を参考に著者作成。

　このような韓国の農業部門への対応に対し、EUも米および米関連製品（39品目）に対して例外を設定して、一部野菜と果実製品（トマト、カボチャ、柑橘、モモ、スモモなど16品目）に対して輸入価格が一定の水準より安い場合追加関税を付加する措置を維持することとしたが、韓国の輸出能力から見ればほとんど輸出する可能性が低く、形式的な措置に過ぎない。韓・米FTAとの農産物譲許水準を比較したのが**表3-16**である。

　韓・米FTAが先に妥結されたことを考慮に入れれば、韓国としては米国より多少有利な結果をもたらしたともみえる。しかし農業部門に限って見ればEUからの農産物の輸入額（EU16.8億ドル/米国64億ドル、2008年実績）は、米国の26％水準に過ぎず、米国に比べれば、容易な交渉であったと考える。

　これまでの産業別の貿易収支から試算した政府の報告では、農業と水産業が合わせて年平均3,300万ドルの赤字が予測される。一方、製造業では年平

表3-16　韓・米／EU FTAの農産物譲許水準

撤廃時期	韓・EU FTA				韓・米FTA			
	韓国譲許		EU譲許		韓国譲許		米国譲許	
	品目(%)	輸入額(%)	品目(%)	輸入額(%)	品目(%)	輸入額(%)	品目(%)	輸入額(%)
即撤廃	42.1	19.5	91.8	88.3	38.1	55.2	58.7	81.5
2～3年で撤廃	1.2	17.9	0.5	0.9	0.4	0.2	0.6	0.1
5年で撤廃	19.2	27.9	5.8	10.3	20.7	22.1	22.1	2.1
(5年以内で撤廃)	62.5	65.3	98.1	99.5	59.2	81.4	81.4	83.7
6～7年で撤廃	3.3	4.1	－	－	4.3	5.1	5.1	14.2
10年で撤廃	19.9	21.9	－	－	23.3	9.9	9.9	2.1
10年超過	11.5	8.5	－	－	12.1	3.6	3.6	－
譲許除外/現行関税維持	2.8	0.2	1.9	0.5	1.1	－	－	－
合計	100	100	100	100	100	100	100	100

資料：韓国政府の資料等を参考に著者作成。

表3-17　韓・EU FTAによる経済予測
(年平均、単位：百万ドル)

	輸出増加	輸入増加	貿易収支
農業	7	38	-31
水産業	10.3	12.7	-2.4
製造業	2,520	2,125	395
計	2,537	2,175	361

資料：韓国国策研究機関［2010］の試算結果を元に著者作成。

均およそ4億ドルの黒字が期待されるとしている（**表3-17参照**）。やはり韓・米FTAと同じように農業の犠牲を前提としてFTAを進めたことが分かる。

6．農業部門の締結結果と今後の予測

　EUからの農産物輸入でもっとも影響を受けると予測されている農産物は次の品目が予想されている。

　まず既存の輸入実績を考慮すれば、畜産分野が一番大きな影響を受けるとみている。牛肉の場合、ほとんど米国とオーストラリアから輸入されており、EUからの輸入実績がほとんどないことから、追加被害はほとんどないと予測している。価格優位性からみても米国とオーストラリアがEUに比べ競争

第3章　FTA協定を巡る社会・経済的影響とその示唆点

表3-18　韓・EU FTAによる農業部門の輸入影響品目

(単位：億ウォン)

区分	品目	譲許関税率(%)	国内生産額 (2004-06平均)	EUからの輸入額 (2004-06平均)	譲許案
穀物	ジャガイモ澱粉	455	2,303 (注1)	221	15年撤廃
畜産	豚肉	25	36,782	2,893	冷凍および冷蔵 三枚肉10年、その他は5年撤廃
	鶏肉	20	11,302	333	13年撤廃
	酪農品	36	15,293	832	現行関税維持、TRQ、10年、15年撤廃など
果実・果菜	ブドウ（加工ジュース）	45	6,060 (注2)	88	即撤廃
	キーウィ（新鮮）	45	320	0	15年撤廃
	トマト	45	614	49	7年撤廃

資料：韓国国策研究機関［2010］の試算結果を元に著者作成。
注：1）新鮮ジャガイモの生産額である。
　　2）新鮮ブドウ生産額。

力があり、品質面でもEU産が競争国に立ち遅れていることから直ちに影響を受けることはないと判断している。しかし豚肉と酪農品においては競争力が高く、すでに輸入実績があるためにFTAによる輸入増加が予測される[5]。その他に、これまでの輸入実績から影響が予想される品目は穀物類でジャガイモ澱粉、畜産では豚肉、鶏肉、酪農品、果実と果菜部門ではブドウ（加工）、キウィ、トマト（加工）などが考えられる。

　以上の現状を踏まえ、ここではすでに公表されている農業部門全体（穀物類、野菜類、果実類）への影響を引用しながら説明を進めたい[6]。

　分析の結果、最も被害額が大きい品目は豚肉と鶏肉である。これら品目の

---

[5] 詳細な被害予想は、韓国国策研究機関（10社参加）共著『韓・EU FTAの経済的効果分析』2010年10月6日、を参照。
[6] 韓国農村経済研究院（KREI）は農業部門計測モデルであるKREI KASMO（Korea Agricultural Simulation Model）を利用して一番被害が予想される畜産分野の試算結果を公表している。ここではその試算結果を引用した。

表3-19 韓・EU FTAによる主要品目別生産減少額推定結果

(単位:億ウォン)

品目	5年目	10年目	15年目	1～5年平均	6～10年平均	11～15年平均
ジャガイモ澱粉	0	14	28	0	8	23
豚肉	556	1,214	1,214	328	943	1,214
鶏肉	161	277	331	105	231	319
酪農	97	419	805	40	277	651
ブドウ(加工ジュース)	32	32	32	32	32	32
キウイ	30	52	70	18	43	63
トマト(加工)	38	54	54	23	52	54
牛肉	121	394	526	58	279	501
計	1,035	2,456	3,060	604	1,865	2,857

資料:韓国国策研究機関［2010］の試算結果を元に著者作成。
注:15年目の影響については関税撤廃の時期が相違する品目があるために、それぞれの最終年度を基準に計測した。

輸入増加によって国内価格の低下はもちろんのこと、これに止まらず、他の肉類の消費にも影響を及ぼし、牛肉需要の減少とそれに伴う牛肉価格の下落が予想されている。

計測に用いた主要8個品目は、関税撤廃最終年度においては生産額減少額は3,060億ウォンにまで上ると予測される。このうち、畜産業の生産額減少が最も大きく、2,876億ウォンとなっており全体の94.0%を占めている[7]。

今後韓・米FTAが批准され、輸入が開始されれば、同じ畜産分野でEUと米国から同時に影響を受けるために、その被害額はさらに大きくなると予想される。しかし政府の対策としては、直接的被害額補填よりは家畜疾病対策、流通施設の近代化、流通構造改善など競争力向上に重点を置いている。その根拠になる「FTA国内補完対策」は、韓・米FTA締結を契機に2007年11月に策定されたが、政府は韓・米FTAのみならず今後のFTA対策はこれを基盤にして行うと発表している。

主要内容を見ると10年間(2008～17年)で21.1兆ウォンの規模の予算が用意されるが、そのほとんどが品目別競争力強化対策(19.8兆ウォン)に限定

---

[7] 研究所ごとの計測結果には大きなバラツキがあり、実際の被害額はもっと大きいと考えられる。

第3章　FTA協定を巡る社会・経済的影響とその示唆点

されている。他の対策としては、米国産牛肉輸入再開を契機に策定された「畜産業発展対策（2008年4月）」があるが、これを見ると、9年間（2009～17年）に2.1兆ウォン規模で支援する計画となっているが、主に、飼育から流通の全過程にかけてHACCP（食品衛生管理システムの一つ。Hazard Analysis and Critical Control Pointの頭文字をとったもので、危害分析重要管理点と訳される）に投入されることとなった。ちなみにFTAによる農業生産者への直接的な被害については1.3兆ウォンが用意され直接支払い金および3カ年の平均粗収入の8割に当たる一時金を廃業を条件に支払うことを決めている。すでに韓・チリFTAの時から果樹分野でも同じ対応を行っている。被害を受ける可能性が高い零細農家のリタイアを促進し、企業を中心としたインテグレーション的生産方式を推し進めていることは李政権の政策理念とも合致している。

　第5、6章の畜産分野の品目分析で詳しく論じたいと思うが、インテグレーション的生産方式を念頭に置いた生産体系の再編は今後ますます進行して行くと考える。

資料

韓国全国農民連帯の要求事項

1．WTO農業交渉および米輸入開放反対
2．南北統一に備え、米自給および食糧主権確保のための総合対策樹立
3．農業、農村を生かすための農業投資計画および財源確保
4．韓国・チリ自由貿易協定批准中断およびDDA農業交渉以後再論議
5．相互金融負債を含めた農家負債特別法改訂
6．信用・経済分離の早期移行などの根本的な農業協同組合改革
7．再生産が可能な水準で農業災害対策法制定
8．実質的所得保障になる直接支払い制拡充と農家所得安全網構築
9．クオリティ・オブ・ライフ（生活の水準）を向上させるための農漁村福祉特別法早期制定
10．国産農産物消費促進および青少年健康増進のための学校給食法改訂

[参考・引用文献]

韓国農林部「FTA移行支援対策」2004年5月。
韓国農村経済研究院『韓・チリFTAに対応した農業部門対策』2002年10月。
韓国国策研究機関（10社参加）共著『韓・EU FTAの経済的効果分析』2010年10月6日。
コ・ソンウン『韓・チリFTA発効5年評価』韓国貿易協会国際貿易研究院、2009年3月。
対外経済政策研究院『韓・チリ自由貿易協定の推進背景・経済的効果および政策的示唆点』2000年。

第4章
韓国農業の構造分析

1．韓国農業の現状

　近年、世界経済はTPPやFTAのような世界経済のブロック化ともいえる地域統合が進んでいる。

　このような国際潮流のなかで、韓国は2004年の韓・チリFTA締結を皮切りに、次々と各国とのFTA締結を積極的に進めている。FTA締結に対する韓国の積極的な動きの1つの要因として、貿易依存度の高い産業構造が挙げられる。2008年の韓国統計庁（国際統計年鑑、2009）によれば、貿易依存度[1]は92.3％で、日本（31.6％）、アメリカ（24.3％）に比べて極めて高いことがわかる。すなわち、韓国は経済の主軸を貿易に依存する産業構造であるため、世界経済のブロック化の趨勢に乗り遅れることで派生される経済的な影響を恐れている。一方で、かかる貿易量のうち農林業が占める比重は、輸出1.3％、輸入6.5％（2009年実績）と極めて低い水準である。このことは、経済全体の成長のために農林業部門の犠牲を招いたとしても、貿易自由化への道を進める戦略を選択せざるを得ないということを意味する。加えて、こうした産業構造は、農業の産業としての位相の弱体化を意味しており、経済界の議論における'農業無用論'の提起と、これと同じ脈略である'海外食料基地論'の声が上がるようになった背景でもある。

　今後も世界市場のグローバル化が急進展し、農業部門の市場開放を迫られ

1　GDPに占める輸出入額の割合（＝輸出入額／GDP×100）

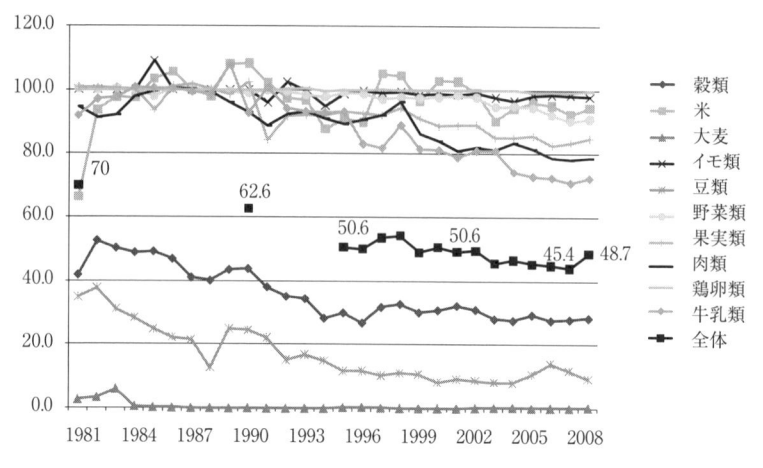

図4-1　韓国の食料自給率の推移（1981年～2008年）
資料：韓国農村経済研究院『食品需給表』2009年。

ているなかで、韓国農業が抱えている課題は、如何に外圧に耐えられるか、あるいはそれを超えられる農業構造へ体質を変えられるかが重要である。次節では韓国の農業関連統計を用いて、現在における農業構造とその特徴について概観する。

1) 韓国の食料自給率と農業生産

図4-1を見ると韓国の食料自給率は1980年におよそ70％から2008年時点で48.7％へ大幅に低下している。詳細を見ると米、イモ類、野菜類、果実類、肉類、鶏卵類、牛乳類は全体の食料自給率を上回っている一方で、大麦と豆類、穀類は大幅に下回っている。とくに、2008年に穀類の自給率は28.4％となっているが、穀類に該当する米、麦、大麦、トウモロコシが各々94.4％、40.7％、0.4％、1.0％で、米と麦を除けば実質1％に満たない。

また、国内総生産（GDP）に占める農業の割合についても1970年における国内総生産2兆7,640億ウォンのうち農業は25.5％となっていたが、その後の高度経済成長に伴い鉱工業とサービス業の飛躍的な成長がみられるなかで

農業は2009年には2.2％と下落した。

こうした食料自給率の低下と国内総生産に占める農業生産比重の縮小は、農業の衰退が著しく進んでいることを表している。

2）韓国における農耕地の現状

韓国の農耕地面積の推移を見ると1970年から2009年まで水田と畑の面積は全般的に減少傾向にある。年平均減少農地面積は約1万4,000haであることに対し、転用面積の年平均が1万3,000haであることから、農耕地面積の減少は国土開発の進行による共用施設、住宅地、工業用地などへの転用によるものであることと考えられる。

韓国の国土面積に占める農耕地面積を表す耕地率の動向について見ると、1970年23.3％から毎年減少し続けており2009年には17.4％となっている。農耕地を水田と畑に区分して見ると、水田率は1970年の55.4％から1990年に63.8％でピークとなりその後から減少しているもののおよそ60％代水準を維持している。とくに、1990年～1995年の間ではガット・ウルグアイラウンド

表4-1 農地面積と耕地利用（1970年～2009年）

単位：千ha、％

年　度		1970	1980	1990	2000	2009
国土全体面積 A		9,848	9,899	9,927	9,946	9,990
うち農耕地	面積 B	2,298	2,196	2,109	1,889	1,737
	水田 C	1,273	1,307	1,345	1,149	1,010
	畑	1,025	889	764	740	727
耕地利用面積 D		3,264	2,765	2,411	2,098	1,874
稲作付面積 E		1,203	1,233	1,244	1,072	924
休耕地面積 F		－	－	40	17	45
	うち水田面積 G	－	－	12	4	14
	畑面積 H	－	－	28	13	32
耕地率（B/A）		23.3	22.2	21.2	19.0	17.4
耕地利用率（D/B）		142.0	125.9	114.3	111.1	107.9
水田率（C/B）		55.4	59.5	63.8	60.8	58.1
水田稲作作付け率（E/C）		94.5	94.3	92.5	93.3	91.5
休耕率[注]（F/B）		－	－	1.9	0.9	2.6
水田の休耕率（G/C）		－	－	0.9	0.4	1.4

資料：韓国農林部「農林水産食品主要統計2010」2010年。
　注：休耕率とは、前年耕地面積に対する当該年度の休耕面積の割合を示す。

表4-2 作物別栽培面積（1970年～2009年）

単位：千ha、%

	食糧作物			特用作物	野菜	果樹	その他[2]
		米穀	その他穀類[1]				
1970	2,706	1,203	1,503	89	254	60	155
	82.9	36.9	46.0	2.7	7.8	1.8	4.7
1980	1,982	1,233	749	118	359	99	207
	71.7	44.6	27.1	4.3	13.0	3.6	7.5
1990	1,669	1,244	425	130	277	132	203
	69.2	51.6	17.6	5.4	11.5	5.5	8.4
2000	1,316	1,072	244	92	296	169	225
	62.7	51.1	11.6	4.4	14.1	8.1	10.7
2009	1,125	924	201	86	216	151	296
	60.0	49.3	10.7	4.6	11.5	8.1	15.8

資料：韓国農林部「農林水産食品主要統計2010」2010年。
注：1）その他穀類には麦類、豆類、イモ類、雑穀類が含まれている。
　　2）その他には、施設作物、樹園地およびその他作物を示す。

による農産物の輸入自由化の影響を受け、稲作から畑作や施設栽培への作物転換が行われたことにより水田面積が大幅に減少した。

耕地利用率も耕地率と同様に減少（142％→107.9％）してきたが、未だ100％以上を維持している。稲作作付け率については1970年から1990年の間は約94％で横ばいであったが、1990年代初期にはガット・ウルグアイラウンドの影響により約5％減少したが、その後、増加と減少を繰り返し2009年には91.5％と高い水準を維持している。こうした水田率と稲作作付け率の高いことは稲作依存度が高い特徴を表している。

次いで、農耕地の利用状況を詳細に示したのが**表4-2**である。耕地利用面積を作物別に見ると、食糧作物の割合が60％で最も多い。なかでも、米穀の面積は1970年から1990年まで増加傾向でその後若干減少したものの、2009年に49.3％でほぼ横ばいである。すなわち、農耕地の全体面積が減少するなか依然として米穀が中心作物となっている。

食糧作物に次いで、その他（施設作物や樹園地が該当）15.8％、野菜11.5％、果樹8.1％となっており、これらの作物は1970年と比べると大幅に増加したことがわかる。とくに、その他と果樹の場合は絶対面積も増加している。このことは、上述した1990年～1995年の間でのガット・ウルグアイラウンド締

結に起因する稲作の将来への不安や政府買上げ価格の低迷、水田から果樹や施設作物への転換などが原因であると考えられる。

すなわち、韓国における農耕地は稲作が中心となっているなかで経済作物である果樹や施設作物などが増加する傾向を見せている。

次に、**表4-1**に示されている休耕地[2]について見ると、1990年に4万haであったものが、1995年の6万4,600haをピークに毎年4万haほどの農地が休耕地となっているが、なかでも水田よりも畑の休耕地化が進んでいる。畑の休耕地が多い原因は相対的に限界農地が多いことによるものと考えられる。

休耕地率について見ると1990年1.9％から2000年の0.9％へ一旦減少したが、以後2.6％へ増加した。休耕地の発生は農家人口の減少と経営主の高齢化による労働力不足、農業用水や耕地整地、排水などの営農条件の不備、相続・贈与等による不在地主の農地増加、農産物価格の下落による農家の営農放棄が原因とされている。

韓国農村公社の研究報告書（2007）によれば、こうした休耕地は今後のWTO農業交渉およびFTA妥結などによる農産物輸入の増加や農村人口減少と高齢化の進展によりさらに増加すると展望されており、最少8万3,000haから最大30万haまでに上ると展望している。

3）韓国の農家人口

1970年の農業人口は総人口の44.7％を占めていたが、高度経済成長期を迎えてから、サービス業や鉱工業など農外産業部門へ労働力の流出が急速に増加し、1990年までは年間減少率17％を経験した。その後も農業人口は減少し続けており、2009年の農家人口率は6.4％となっている。また、これと同様に農業の就業状況を見ると、2009年には7％が農業に従事しており、1990年の17.1％に比べて急激な減少が続いたことがわかる。この数値を先進国と比べると、日本3.8％（2009年度基準）、アメリカ1.4％（2006年度基準）で韓国よりも低い。この状況を考慮すると、韓国ではさらなる経済成長に伴い、よ

2　韓国での休耕地の定義は1年以上に継続して作物を栽培しない農地としている。

表4-3 韓国の農業人口の推移（1970年～2009年）

区　　分	単位	1970	1980	1990	2000	2009
総人口　A	千人	32,241	38,124	42,869	47,008	48,607
農家人口　B	千人	14,422	10,827	6,661	4,031	3,117
総就業者数　C	千人	9,617	13,683	18,085	21,156	23,506
農林業就業者数　D	千人	4,756	4,429	3,100	2,162	1,648
20歳～29歳人口　E	千人	1,067	671	206	74	23
60歳以上人口　G	千人	217	507	779	989	918
総世帯数　H	千戸	5,857	7,969	11,355	14,312	16,917
農家戸数　I	千戸	2,483	2,155	1,767	1,383	1,195
第1種兼業農家数　J	千戸	488	295	389	225	151
第2種兼業農家数　K	千戸	314	218	326	257	351
農家人口率（B/A）	％	44.7	28.4	15.5	8.6	6.4
農林業就業者率（D/C）	％	49.5	32.4	17.1	10.2	7.0
20歳～29歳人口比率（E/D）	％	22.4	15.2	6.6	3.4	1.4
60歳以上人口比率（G/D）	％	4.6	11.4	25.1	45.7	55.7
農家率（I/H）	％	42.4	27.0	15.6	9.7	7.1
農家の農業就業者比率（D/B）	％	33.0	40.9	46.5	53.6	52.9
1戸当たり世帯員数（B/I）	人	5.8	5.0	3.8	2.9	2.6
1戸当たり農業就業者数（D/I）	人	1.9	2.1	1.8	1.6	1.4
第1種兼業農家率（J/I）	％	19.7	13.7	22.0	16.3	12.6
第2種兼業農家率（K/I）	％	12.6	10.1	18.4	18.6	29.4

資料：韓国統計庁「2009経済活動人口年報」2010年、韓国統計庁「農業調査」各年度。
注：1）15歳以上の人口のうち、軍人、戦闘警察、公益勤務要員、刑確定受監者、外国人等は除く。
　　2）2000年以後から韓国標準産業分類8次改定基準。
　　3）2005年以後から年齢区間を10歳単位で区分。
　　4）1種兼業：年間総収入のうち、農業収入が50％以上である兼業農家。
　　5）2種兼業：年間総収入のうち、農業収入が50％未満である兼業農家。

り一層の農業人口の減少が予想される。こうした国内農業の縮小を余儀なくされると予想されるなか、果たして都市部の産業がこのような農業就業人口に相当する労働力人口を吸収できるか否かは非常に大きな課題であろう。

　農業人口減少の特徴的な点は、20～29歳の若年層の選択的流出が指摘できる。**表4-3**で示している、20歳～29歳人口比率は1970年22.4％から2009年1.4％へ急激に減少している一方で、60歳以上人口比率は4.6％から大幅に増加し、2009年には55.7％となっていることから高齢化が急速に進んでいることがわかる。このことは将来的に農業の担い手層が非常に弱いことを意味しており、今後担い手の確保が大きな課題となっていることが示唆される。

　さらに、若年層の継続的な流出の一方で、新規参入が少ない状況が続くな

か既存の高齢農家が繰り上がることを考えると、60歳以上の人口はさらに多くなり深刻な高齢化と労働力不足問題が予想される。その変化の様相はいずれにせよ、近いうちに日本よりもドラスチックである可能性が非常に高い。

　次に、総世帯数に占める農家戸数の割合を示す農家率も農業人口率と同様に大幅な減少が続いている。しかし、農家の農業就職者比率は1970年33％から2009年には52.9％まで大きく増加した。すなわち、農家構成員のうち半数は農業に従事していることを意味する。

　1戸当たり農業就業者数と1戸当たり世帯員数を見ると、1970年代から1990年までは平均5.8人の農家構成員のうち2人が農業に従事していたが、2009年には2.6人のうち1.4人が農業に従事している。このことは、1990年代までの韓国農家は2世帯以上の大家族で構成されていたが、今日では若年層の選択的な流出の結果により高齢一世代世帯農家が残留するようになっており、その高齢農業者が農業に従事していることを意味する。

　こうした高齢農家のみが残留するようになった要因としては韓国の農村地帯において兼業所得源がほとんど形成されていないことが挙げられる。

　かかる農家の特性と関連して専業・兼業別農家の割合の動向について見ると、2009年の専業農家の割合は58％となっており大半以上を占めている。韓国では農村工業化が遅れたことで兼業所得が得られる機会が少なく、農外所得を得るためには農業・農村から離れるようになる。

　とくに、限られた就職市場では高齢者より若年層が有利でありその結果、若年層だけが都市部へ流出してしまう現象が続いており、農村の高齢化を加速化させている。

　さて、1970年以後から専業農家の割合は継続的に減少する一方で、兼業農家の割合が増加している。とくに、近年では収入のうち農業以外が多い第2種兼業農家の割合の増加が著しい。

　しかし、このような激しい変化の中で営農規模の零細性は依然として解消されないままである。1戸当たり平均耕地面積は1990年度の119aから2009年度に145aに増加したにすぎない。これは2004年の148aよりもさらに後退

表4-4 耕地規模別農家数（1970年～2009年）

単位：千戸、％

年度	農家戸数	耕種外農家		規模別農家数					
				0.1ha未満	0.1～1.0	1.0～1.5	1.5～2.0	2.0～3.0	3.0ha以上
1970	2,483	72	2,411	26	761	446	193	124	37
				1.1	31.6	18.5	8.0	5.1	1.5
1980	2,156	28	2,128	14	598	438	191	109	31
				0.7	28.1	20.6	9.0	5.1	1.5
1990	1,767	24	1,743	15	468	352	191	129	44
				0.9	26.9	20.2	11.0	7.4	2.5
2000	1,383	14	1,369	30	410	219	132	114	85
				2.2	29.9	16.0	9.6	8.3	6.2
2009	1,195	14	1,181	16	454	152	87	82	90
				1.4	38.4	12.9	7.4	6.9	7.6

資料：韓国統計庁「農業調査」、「農林漁業総調査」、各年度。

したものである。これは、2004年にFTA対策として被害が予想される果樹部門を中心に廃園政策が推し進められたことによって離農や規模拡大が同時に進んだ結果であると考えられる。

詳しいことは規模別農家階層を示した**表4-4**を参照されたいが、確かに3ha以上の階層は2000年の6.2％から2009年には7.6％まで増加している。とはいえ、1.5～3ha階層は2000年の18％から2009年には14.3％まで減少している。1ha未満に至っては、2000年の32.1％から2009年には39.8％まで増加している。すなわち、3ha以上の大規模層と1ha未満の零細規模の両極化現象が現れている。

2．農家経済の現状

韓国農業が抱えている最も大きな課題は、市場の自由化による農産物価格の低下に対し、農家が如何に所得を確保していくかであろう。その農家所得について見てみると、農家所得に占める農業所得のウェイトを示す農業所得率は、1990年までは50％以上であったが1995年に5割を切り、その後継続的に減少している。2009年は31.5％で、農業を営むことによって得られる農家所得が3割に過ぎないレベルとなった。一方、農外所得率は1995年31.8％か

表4-5 韓国の農家所得（1970年～2009年）

年　度	1970	1980	1990	2000	2009
農家所得（A）	256	2,693	11,026	23,072	30,814
農業所得（B）	194	1,755	6,264	10,897	9,698
農業経営費（C）	54	587	2,814	8,617	16,924
農外所得（D）	62	938	2,841	7,432	12,128
兼業所得（E）	10	67	589	1,435	3,296
事業外所得	52	872	2,252	5,997	8,832
移転所得[1]・一時所得（F）	－	－	1,921	4,743	8,988
負債（G）	16	339	4,734	20,207	26,286
農家家計費（H）	208	2138	8,227	18,003	20,017
農業所得率（B/A）	75.8	65.2	56.8	47.2	31.5
農外所得率（D/A）	24.2	34.8	25.8	32.2	39.4
農業所得に占める経営費比率（C/B）	27.8	33.4	44.9	79.1	174.5
農外所得に占める兼業所得比率（E/D）	16.1	7.1	20.7	19.3	27.2
農家負債率（G/A）	6.3	12.6	42.9	87.6	85.3
農業所得に占める負債比率（G/B）	8.2	19.3	75.6	185.4	271.0
農業所得の家計費充足度（H/B）	93.3	82.1	76.1	60.5	48.4

資料：韓国統計庁「農家経済統計」各年度。
注：1) 謝礼金、家族補助金、他人補助金等は、1983年から事業外収入から移転所得へ項目が分離され新設された。
　　2) 2003年から移転所得から一部項目が分離・新設されたものとして、慶喪収入、退職一時金等が該当する。

ら2009年39.4％まで徐々に増加しており、とくに、農外所得のうち兼業所得の比率の増加が著しい。

また、農業所得に占める農業経営費比率について見ると、1970年から1995年（表4-5では1990年）までは農業経営費比率は50％以下であったが、2005年以降からは農業経営費が急激に増加し、農業所得を低迷させる事態となった。すなわち、農業経営費が増加し、所得が圧縮された部分を農家は農外所得や移転所得[3]で補わなければならない。あえて言えば、農業経営が赤字経営となっていると言えよう。農業経営費が大幅に増加したことに起因する2000年以降の農業所得率の低下は、なかでも光熱費や修繕農具費、借地料などが該当する「経費」が大幅に増加した影響によるものである。

3　謝礼金、家族の補助金（小遣い含）、他人からの補助金が該当しており、韓国の農家所得のうち、移転所得の比重は約30％（2009年）で農業所得並みとなっており、農家所得源として重要性がある特徴を持つ。

表4-6 用途別農家負債額（1970年～2009年）

単位：千ウォン、％

年度	合 計	農業用[1]		家計用[2]		兼業用[3]		その他用[4]	
		金額	割合	金額	割合	金額	割合	金額	割合
1970	16	7	44	7	44	1	6	1	6
1975	33	18	55	12	36	1	3	2	6
1980	339	191	56	112	33	14	4	21	6
1985	2,024	1,163	57	476	24	72	4	312	15
1990	4,734	2,639	56	1,015	21	162	3	919	19
1995	9,163	6,351	69	1,110	12	403	4	1,298	14
2000	20,207	12,153	60	3,882	19	1,336	7	2,835	14
2005	27,210	16,315	60	6,614	24	1,386	5	2,894	11
2009	26,268	13,150	50	7,086	27	2,669	10	3,362	13

資料：韓国農林部「農林水産食品主要統計2010」2010年。
注：1）2003年以前までは農業資金項目の数値である。
　　2）2003年以前は家計性負債項目の数値である。
　　3）2003年以前は兼業資金項目の数値である。
　　4）2003年以前は財産的支出、借入償還および利息項目の数値である。

　次に、農家所得に占める負債額の割合を示す農家負債率について見ると1970年6.3％から毎年大幅に増加しており、2000年以降からは農家負債率が80％を超えている。さらに、負債額の農業所得に占める割合を見ると1985年に5割を超え2000年以降は100％を超えるなど急増している負債額のレベルは深刻なものであり、農家経済への負担が大きくなっていることが示されている。

　こうした農家負債の詳細を見ると1970年には営農施設や営農資材などに関わる資金調達を意味する農業用の負債が44％、生計費や教育費などの家計用負債が44％となっていたがガットUR農業交渉合意の影響が経済に出始めた時期である1990年から1995年の間には農業用負債が10ポイントの大幅に増加した。この原因は政策的に施設型農業への転換を誘導するため農業用施設や機械導入などに対する補助金を積極的に推進した結果である。農家負債の2000年以降からの動向については農業用負債が大半を占めるなか、家計用負債と兼業用負債、その他負債の増加が特徴として表れている。

　また、農業所得における家計費充足度を見ると1970年代はおおよそ100％の高水準を保っていたが、1980年代以降は著しく減少傾向にある。結局、

第4章　韓国農業の構造分析

表4-7　耕地規模別農家の負債額規模（2008年）

単位：％

区　　分	～1ha	1ha～3ha	3ha～5ha	5ha～	平　均
～1,000万ウォン	70.5	69.7	62.1	42.2	57.1
1～3,000万ウォン	12.9	14.2	19.5	22.1	18.3
3～5,000万ウォン	5.7	6.4	6.0	12.0	8.5
5,000万～1億ウォン	6.4	6.0	7.6	11.7	8.7
1億ウォン以上	4.5	3.7	4.9	12.0	7.4
全　体	100	100	100	100	100

資料：韓国農村経済研究院『農業展望2010年』2010年。
注：韓国統計庁「農家経済統計」の原資料分析による。

表4-8　負債額規模別農家の負債償還率（2008年）

単位：％

区　分	～1,000万ウォン	1～3,000万ウォン	3～5,000万ウォン	5,000万～1億ウォン	1億ウォン以上	合　計
0～10％	98.2	66.1	35.6	15.7	3.7	72.9
10～30％	1.6	28.4	51.6	57.0	50.0	19.1
30～40％	0.1	2.5	5.0	10.3	12.6	2.8
40～70％	0.1	2.1	4.1	11.7	17.9	3.1
70％以上	0.1	0.8	3.7	5.4	15.8	2.1
合　計	100	100	100	100	100	100

資料：韓国農林部「農林水産食品主要統計2010」2010年。
注：韓国統計庁「農家経済統計」の原資料分析による。

2009年には半数を割り48.4％にまで減少した。

　以上のことから、韓国の農家所得における農業所得の割合が極めて低く、負債だけでなく家計費さえも十分に賄えないレベルにまで達しており、農家経済が厳しい状況に追い込まれていることが示されている。

　耕地規模別に農家の負債額について見ると（**表4-7参照**）、1ha未満の零細規模層では負債額が1,000万ウォン未満である農家の割合が70.5％、負債額1億ウォン以上の農家割合が4.5％である一方、5ha以上規模の大規模層では負債額1,000万ウォン未満である農家の割合が42.2％、負債額1億ウォン以上の農家割合が12％であることから、大規模農家が抱えている負債額の規模が大きいことが示唆される。

　加えて、農家の償還能力と財務の健全性を評価する指標として用いられている資産対比負債比率を見ると、負債額が5,000万ウォン以下の農家層では資産対比負債比率が40％以下である農家割合が90％以上で健全であると評価

できる。一方で、1億ウォン以上農家層では資産対比負債比率が40％以上である農家割合が33.7％で経営破綻が懸念される農家が多く含まれている。すなわち、大規模農家であるほど多額の負債を抱えており、リスクが高いことがわかる。

3. 農地賃貸借と作業委託の現状

ここでは、上述してきた韓国農業の構造的な特徴を基に、構造的な面での韓国独自の特徴ともいえる賃貸借と作業受委託の現状について説明する。

まず、韓国の農地賃貸借調査によると、調査農家のうち賃貸農家の割合は6割を占めている。また、賃借率は耕地面積の4割を超えており、2004年～2007年の間で横ばいとなっている（**表4-9**）。

次に、貸し手の農地所有状況を見ると非農家の割合が圧倒的に多い。2004年には7割であったが2007年には減少しているとはいえ、未だ6割以上を占

表4-9 賃貸農家と地主の特性（2004年～2007年）

単位：戸、％

区　分		2004年	2005年	2006年	2007年
合計（調査対象農家数）		3,200	3,200	3,200	3,200
賃貸農家		1,996	2,017	2,001	1,984
	（割合）	62	63	63	62
自作農家		1,192	1,171	1,187	1,208
	（割合）	37	37	37	38
耕地なし農家		12	12	12	8
	（割合）	0.4	0.4	0.4	0.3
耕地面積（A）		14,805	14,945	15,120	14,953
賃借面積（B）		6,260	6,323	6,506	6,396
賃借率（C=B/A）		42.3	42	43	43
借地料率		16.8	16	15.8	16.4
合計（地主数）		6,260	6,323	6,506	6,396
農家所有		1,022	1,315	1,288	1,345
	（割合）	16	21	10	21
非農家所有		4,435	3,903	4,112	3,902
	（割合）	71	62	63	61
その他		803	1,105	1,106	1,149
	（割合）	13	18	17	18

資料：韓国統計庁「農地賃貸借統計調査」各年度。

めている。その裏付けとなる地主の農地を賃貸した理由を見ると、離農が23％でもっとも多い回答となっている。次いで労働力不足21％、相続・譲与13.6％、在村離農10.6％となっている。

　このように非農家の農地所有の割合が高いことは韓国特有の特徴ともいわれている。韓国において非農家所有が６割以上を占めるようになった背景には離農と農地法が関わっている。韓国では1950年代の農地改革以後に農地法がすぐに制定されず、その間に農地の所有が農民に限定されていなかったため、離農する農家は都市へ移動して非農家となった後も農地を所有し続けることができた。その代わり農村に残した農地を在村農家へ賃貸したことで不在地主の多い構造となったのである。しかし、近年では経営主の高齢化が進むことで在村高齢農家からの賃借地が増加している。

　かかる不在地主の農地は将来の農地価格上昇への投機的保有となり、賃貸関係において長期安定的農地提供という性格が欠けたものであった。

　表4-10で示されているように、1996年以後、農業振興地域内外の水田と畑の農地価格は徐々に上昇したが、2003年を基点に急増している。農地価格の上昇は資産価値として農地を保有し続ける地主が増加する結果となる。さらに、農家所得に占める都心部の子供からの移転収入が高いという韓国の実情を考えれば、今後も都心部の子供が不在地主として農地を保有し続ける可能性は非常に高い。また、農地価格の高地価水準が続くなか、転用機会を狙う農地所有が相当部分を占めていると思われる。なぜならば、宅地への転用はもちろんのこと公共的な転用も一定の需要が存在しているからである。統計

表4-10　農地価格の動向

単位：ウォン/㎡

年度	農業振興地域内		農業振興地域外	
	水田	畑	水田	畑
1996	7,411	9,239	9,592	12,051
2000	11,365	12,802	12,262	15,216
2005	18,829	25,095	21,236	28,280
2008	22,378	26,686	29,201	34,249

資料：韓国農林部「農林水産食品主要統計2010」2010年。
　注：韓国農村公社が実施した全国1,680筆の農地を対象にした結果である。

表4-11 営農規模別借地面積の割合（2007年）

単位：％

区　分		全体	0.5ha未満	0.5～1	1～1.5	1.5～2	2～3	3～5	5.0ha以上
借地面積割合	2005年	42.3	25.7	30.0	30.4	37.2	40.4	50.7	62.1
	2006年	43.0	25.1	29.6	31.8	34.5	41.6	48.6	62.4
	2007年	42.8	25.1	28.5	32.6	33.9	41.3	47.2	63.9

資料：韓国統計庁「農地賃貸借統計調査」2008年。

的にも近年の農地転用面積は増加傾向にある。

　次に、借地面積の割合を営農規模別に見ると、営農規模が大きいほど借地の割合が高い。とくに5ha以上の場合、借地割合が6割を超えている。しかし1ha未満階層においても25％を超える水準であり、全階層の農家が借地確保に努めていることが読み取れる。

　全階層の農家が賃借に対し借り手になった要因は農外所得を得られる機会が限定されている農家が農産物価格の低迷による収入減少をカバーするためには、農業の生産規模を拡大する方法しかない。その結果、在村農家の間で借地をめぐり競争が激しくなり、借地料金の上昇を招く結果となった。例えば、韓国全羅北道金堤市の水田の借地料は生産量の約48％で高い水準となっている。

　また、5ha以上の大規模農家の農地の64％（2007年）が借地によって形成されたものであることから韓国の大規模農家層の規模拡大は借地によって行われてきたことが示されている。

　農地の賃貸借と関連して韓国の特徴を付記しておくと、直接支払金を受け取る資格は耕作者のみという法律があるのにも関わらず、借地に対する需要の増加の影響もあって地主が受け取るケースが多々ある。こうしたことが慣行的に通用していることで、不在地主が農地を保有し続けられる状況となっている。

　今後も借地による規模拡大はもちろんのこと、高地価水準に裏づけられた高賃借料率が続くと予想すると、米価が大幅に下がる場合は耕作者側の農業所得面に相当な影響を与えかねないと考える。

第4章 韓国農業の構造分析

表4-12 作業別自作・委託営農動向（1995年、2005年）

単位：戸、%

年度	農家数/水田面積別	水田持ち農家	耕うん・整地			田植			農薬散布			収穫		
			自家営農	委託営農	全面委託	自家営農	委託営農	全面委託	自家営農	委託営農	全面委託	自家営農	委託営農	全面委託
1995	農家数	1,205,049	581,199	619,394	511,304	483,123	717,470	559,828	851,910	348,683	241,656	302,495	898,010	742,183
	(割合)	100	48	51	42	40	60	46	71	29	20	25	75	62
2005	農家数	935,318	335,789	599,529	532,956	350,077	582,450	505,539	625,954	303,177	236,595	142634[注]	792684[注]	741171[注]
	(割合)	100	36	64	57	37	62	54	67	32	25	15	85	79

資料：韓国統計庁「農業総調査」1995年、2005年。
注：2005年農業総調査では稲刈りと脱穀が1つの項目として調査された。

次に、農家の高齢化により韓国では作業委託市場が形成・発達している。ここでは韓国の農耕地の約6割を占める水田を取り上げて作業委託について見てみる。

今日における韓国の稲作は耕うん・整地、田植え、防除、収穫、脱穀など農作業面において機械化が進んでおりほぼ100％にまで至っている。一方で、農業機械の普及率は2005年の時点で耕うん機62.9％、トラクター20.2％、コンバイン9.2％、田植機31.4％の水準に止まっていることは少数の農業機械持ち農家が作業を担っていることが表れている。

とくに、近年では在村している多くの農家が高齢農家で、農業以外に所得源がない高齢農家は農地を賃貸するより作業を委託した方の所得が高い。なぜならば、農地を賃貸した場合は借地料のみが所得となるが、韓国で借地料が最も高いと評価されている全羅北道金堤市での借地料は生産量の48％で、この値が所有農地の所得率を意味する。一方で、2009年の米所得率は58％で、借地の所得率より高い。また、作業委託の場合は米販売収入が得られるがその所得は米直接支払金により米価が下落しても一定の所得が補填されている。そのため、除草や水管理程度の作業ができる高齢農家は作業を委託して営農を続けている。

かかる作業委託の状況について**表4-12**を見ると、1995年と2005年を比べると自作営農の減少・委託営農の増加現象は深化していることがわかる。しかし、各作業のうち農薬散布に関しては自作営農の割合が他の作業と比べて多

表4-13 農家特性別作業別自作・委託営農現況（2005年）

単位：戸、％

区 分		農家数/水田面積別	水田持ち農家	耕うん・整地		田植		農薬散布		収穫	
				自作営農	全面委託	自作営農	全面委託	自作営農	全面委託	自作営農	全面委託
全 体		農家数	935,318	335,789	532,956	350,077	505,539	625,954	236,595	142,634	741,171
		（割合）	100	36	57	37	54	67	25	15	79
水田面積規模別	～1 ha	73		28	64	27	63	61	31	9	85
	1～3ha	22		51	43	60	34	82	13	23	72
	3～5ha	3		81	16	81	14	92	4	54	43
	5ha以上	2		92	6	89	7	95	2	75	23
経営主年齢別	20～29歳	0.2		47	46	44	46	70	21	22	71
	30～39歳	3		49	43	47	43	73	18	25	69
	40～49歳	14		54	39	51	40	77	16	26	68
	50～59歳	23		47	46	47	45	75	18	21	74
	60～69歳	35		32	61	36	56	68	25	12	82
	70～79歳	22		20	73	23	69	53	37	8	87
	80歳以上	2		12	81	13	79	35	55	5	91

資料：韓国統計庁「農業総調査」2005年。

く、コンバインやトラクターなどの大型農業機械で行う作業に関して作業を委託していることが示されている。

　また、2005年には耕うん・整地作業、田植え、収穫作業を自作営農している農家より委託営農している農家が2倍にもなっている。なお、委託営農の場合は農家の耕作する水田の全面積を委託する全面委託がほとんどである。

　こうした作業を委託する農家の特徴について見ると、水田面積規模別には3 ha以上の大規模層では自作営農が多く、零細規模であるほど作業委託をしており、とくに5 ha以上規模では耕うん・整地、田植作業は9割以上、収穫作業は7割以上の農家が機械を保有して自作営農していることが読みとれる。経営主年齢別には60歳以上農家では作業委託割合が高く、高齢農家であるほど作業を委託していることが表れている。

　以上、上述した賃貸借と作業委託が韓国の農地の流動化の核となっているが、賃貸借の場合は農地価格上昇に対する期待心理によって農地を手放さない地主と所得増大源を求める耕作者の間において高い借地料が形成されているため耕作者側の低所得率、不在地主からの借地確保の不安定化などの問題が存在している。また、作業委託の場合は賃貸より作業委託した方の所得率

が高いため農地を手放さない高齢農家（地主）と大型農業機械の利用効率性を高めたい耕作者との間において耕作者側の低所得率、作業委託地供給の不安定化の問題を抱えており、農地提供者と耕作者の両者における相反する立場により、農地市場の流動化がなかなか進みにくい状況にある。

4．韓国農業における担い手の現状

今後の担い手となるタイプとしては、継承型と創業型（新規参入）がある。ここでは、担い手の主流となっている継承型を取り上げて、全国農家を対象に調査する「農業総調査」の営農後継者有無項目の結果を用いて担い手の確保状況について見てみる。

表4-14　営農後継者保有農家動向（2000年～2005年）

単位：戸、%

区分		2000年		2005年		後継者年齢別5年間の増減率			
		総農家数	営農後継者保有農家数	総農家数	営農後継者保有農家数	営農後継者減少率	15～29	30～39	40歳以上～
農家数		1,383,468	151,503	1,272,908	45,163	70.2	78.8	65.1	58.2
（割合）			11.0%		3.5%	7%	4%	2%	1%
耕地規模別	～0.5ha未満	454,775	36,502	474,832	11,852	67.5	74.1	62.5	62.7
	0.5～1.0	378,655	42,184	330,651	11,637	72.4	80.4	69.1	62.2
	1.0～2.0	351,534	44,322	280,685	11,764	73.5	83.2	68.6	56.8
	2.0～3.0	113,790	15,891	93,295	4,522	71.5	81.8	64.5	47.9
	3.0～5.0	61,068	8,763	60,667	3,235	63.1	75.2	49.9	28.1
	5.0～7.0	14,436	2,320	17,785	1,061	54.3	66.0	39.3	20.2
	7.0～10.0	5,996	962	8,887	580	39.7	51.7	29.0	+12.2
	10ha以上	3,214	559	6,106	512	8.4	27.4	+13.4	100.0
営農形態別	稲作	787,451	92,531	648,299	23,697	74.4	82.5	70.3	63.5
	果樹	143,362	19,191	145,236	7,131	62.8	73.4	54.6	47.6
	特用作物	238,291	3,130	230,011	838	73.2	78.7	71.7	58.9
	野菜	37,647	20,282	27,883	6,687	67.0	78.0	60.0	51.3
	花卉	8,091	793	10,196	468	41.0	53.2	26.1	+4.3
	畑作	91,930	7,611	125,513	2,892	62.0	73.3	55.8	52.5
	畜産	72,173	7,522	82,283	3,348	55.5	64.8	45.1	28.2
	その他	4,523	443	3,487	102	77.0	85.3	75.9	52.7
専・兼業別	専業	902,149	80,742	796,220	22,144	72.6	81.4	68.9	63.7
	兼業	481,319	70,761	476,688	23,019	67.5	76.6	60.5	45.4
	第1種兼業	224,642	37,674	164,976	9,333	75.2	82.7	68.4	56.8
	第2種兼業	256,677	33,087	311,712	13,686	58.6	69.0	51.9	35.0

資料：韓国統計庁「農業総調査」2000年、2005年を基に筆者作成。

農業総調査で把握されている営農後継者のある農家数を見ると、総農家のうち1995年13.1％、2000年11％で低い水準であった。しかし、この割合は**表4-14**で示されている通り2005年3.5％へと約7.5ポイント減と格段に低下したことが分かる。

2000年と2005年の間の減少した農家数約11万戸と営農後継者のある農家の減少数の10万5,000戸がほぼ一致していることから、営農後継者のある農家にも関わらず離農した農家がほとんどであることを意味しており、今後の担い手確保の厳しい状況を表している。

農家数の側面からは5年間で後継者のある農家は70.2％減少しており、減少率を営農後継者の年齢階層別に見ると、30歳未満78.8％、30歳〜39歳65.1％と若年層の減少が全体減少率の約8割以上を占めることから、営農後継者のある農家数の減少は若年層の営農後継者の減少によるものと見られる。

減少要因について詳しく見るために2000年と2005年間における営農後継者保有農家数の減少幅を後継者の年齢別に、耕地規模別、営農形態別、専・兼業別に区分してみる。

まず、耕地規模別には3ha未満規模階層では約7割の農家が減少しており、とくに、後継者年齢が30歳未満の若年層での減少が著しい。一方で、30歳未満階層では減少率が7ha〜10ha規模51.7％、10ha以上規模27.4％と大規模層での営農後継者減少率は少ない。10ha以上規模階層ではむしろ30歳以上の営農後継者数が増加していることから比較的に大規模階層での営農後継者数が確保されていると評価できる。

次に、営農形態別にはその他作物（77％）、稲作（74.4％）、特用作物（73.2％）農家の減少率が大きく、40歳未満の階層ではすべて高い減少率を見せている。一方で、花卉（41％）、畜産（55.5％）ではほかの営農形態と比べてわりと減少率が低く、若年層での減少率も低いことから、花卉や畜産農家で営農後継者の確保率が高いことが分かる。

最後に、専・兼業別には兼業農家より専業農家の減少幅が大きく、30歳未満階層の8割以上が減少したことがわかる。一方で、兼業農家のなかでも1

種兼業農家の減少幅は75.2％で大きく、30歳未満の農家層で大きく減少したことがわかる。このことから、兼業所得源を得られた若い後継者農家階層では大幅な離農が進んでいることが示唆される。

補論　農産物市場自由化下の韓国農業の真の姿

　最近、日本のTPP参加を巡って政府やマスコミにおいて、TPP参加への是非を論じる前に、一番の障害物と想定されている農業についての議論が熱くなっている。政府やマスコミはFTAを先行した韓国に後れを取らないためにもTPPに参加すべきであるとの主張を繰り返しながら、約9兆円をつぎ込んだ韓国の農業改革の成功を取り上げている。

　内閣官房「包括的経済連携に関する検討状況」（2010年10月27日）のうち「(4) 我が国がTPPに参加した場合の意義と留意点」においても次のように指摘がなされた。

　まずTPPへの参加意義について、「部門によりプラス・マイナスはあるが、全体としてGDPは増加」するとし、参考として「0.48％～0.65％増（2.4兆～3.2兆円程度増）が期待される」と具体的な数値を提示している。

　また「米韓FTAが発効すれば日本企業は米国市場で韓国企業より不利になり、TPP参加により同等の競争条件を確保」するとしている。

　逆にTPPに参加しなければ、「日本抜きでアジア太平洋の実質的な貿易・投資のルール作りが進む可能性がある」としているが、筆者から見れば国際貿易上、韓国と競合関係である自動車、電子製品などの競争力を確保するために、日本の農業を犠牲にしてまで参加するという論理展開はあまりにも貧弱な論理構成にしか見えない。

　補論では、このような日本政府やマスコミの韓国に対する認識の危うさと、しばしばマスコミに取り上げられる119兆ウォン（約9兆円）という数字の一人歩きについて検証し、FTAを先行した韓国農業が如何に深刻な状況になっているか、明らかにしたい。

1．韓国農業改革への119兆ウォン（約9兆円）の中身とは

　2003年に発足した盧武鉉（ノ・ムヒョン）政権当時、「農業農村総合対策」を策定し、2004～2013年までの10年間で119兆ウォンの農業予算を投入することを決めているが、どういうわけか、ここから119兆ウォンが一人歩きをしているようである。

　なぜなら119兆ウォンは2004～2013年の農業予算の10年分を合算しているに過ぎない。例えば1992～1998年の間「42兆計画」+「農特税」＝52兆ウォン投入計画が実行されていたが、これも92～98年の予算を合算すると見事にほとんど同じ額である（53兆ウォン、**補論表1**）。

補論表1　農林漁業予算の年度別推移

単位：億ウォン

年度	国全体予算（A）	農林業予算（B）	A／B
1975	16,435	965	5.9%
1980	65,755	3,962	6.0%
1985	127,007	11,772	9.3%
1990	283,520	27,352	9.6%
1991	329,295	29,199	8.9%
1992	366,222	34,056	9.3%
1993	421,835	48,533	11.5%
1994	506,553	71,563	14.1%
1995	594,011	94,448	15.9%
1996	679,749	91,933	13.5%
1997	759,938	99,254	13.1%
1998	848,749	91,456	10.8%
1999	921,937	90,337	9.8%
2000	1,194,011	83,446	7.0%
2002	1,360,470	122,193	9.0%
2003	1,723,450	121,316	7.0%
2004	1,833,550	128,849	7.0%
2005	2,096,000	137,720	6.6%
2006	2,241,000	147,703	6.6%
2007	2,384,000	155,147	6.5%
2008	2,572,000	159,240	6.2%

資料：韓国農林部「農林水産食品主要統計」格年度より作成。
　注：FTA基金など特別予算などはすべて農林漁業予算に含まれている。

また当時の盧武鉉政権は2004年韓・チリFTAを契機に2010年まで１兆2,000億ウォン助成し、農家へ支援すると表明しているが、これも**補論表1**の農業予算の基金部門に含まれており（2009年現在１兆6,000億ウォン執行済である）、特別予算ではない。
　補論表1を見る限り、国の全体予算に占めるこれら農業予算の割合が1995年以降、年々下がっていることが確認できる。

２．「選択と集中」政策は成功したのか（自由化対策は成功したのか）

　韓国は1990年代に農産物自由化を前提に強い農業を謳って農業改革を本気で考え、「選択と集中」というスローガンの下に、農業改革を行った。1990年から急速に行った専業農育成（専業農を目指し、特定の農業者への集中支援）は、**補論表2**に専業農育成の一環として行った後継者確保の概要が示されているが、2008年まで12万8,635人に約２兆6,000億ウォンが支援され、2008年時点の単年度だけ１人平均5,000万ウォン（約370万円）を超える支援（国庫100％の低利融資〈最高２億ウォンまで融資可能、年3.5％利子、15年償還〉）を行った。ここまで徹底的にできたことは驚くことであるが、果たしてその効果はどうだったのかを検証してみたい。**補論表3**は、2000～2005年の間の農業後継者の減少率を示したものである。2000年に総農家に占める営農後継者確保農家数は全体の11％を占めていたが、2005年にはわずか3.5％に過ぎない状況である。
　ここまで手厚く専業農の担い手として支援してきた後継者が減少することは異常と思われるが、そこには韓国特有な事情がその背景にある。それは専業農や後継者の政策的規定が非常に曖昧で、概念的に捕らえていたため、明確な規定が存在しなかったと言われている。その理由は、1990年代の莫大な農業予算を単年度ごとに処理するために、本来専業農や後継者になれない農家を政策対象として認定し、支援をしてきた経緯がある。したがって**補論表**

補論表2 　専業農育成のための経営支援の推移（後継者対策）

単位：百万ウォン

区分	2003年	2004年	2005年	2006年	2007年	2008年
人数	1,910	1,125	1,050	1,044	1,507	1,705
支援金額	96,000	80,000	80,000	70,000	83,000	88,000
平均/人	50.3	71.1	76.2	67	55.1	51.6

資料：韓国農林部資料より作成。

補論表3 　後継者の減少率

単位：戸、％

区　分	2000年		2005年	
	総農家数	営農後継者	総農家数	営農後継者
農家数 （割合）	1,383,468	151,503 11.0%	1,272,908	45,163 3.5%

資料：韓国統計庁「農業総調査2000年、2005年」より作成した。

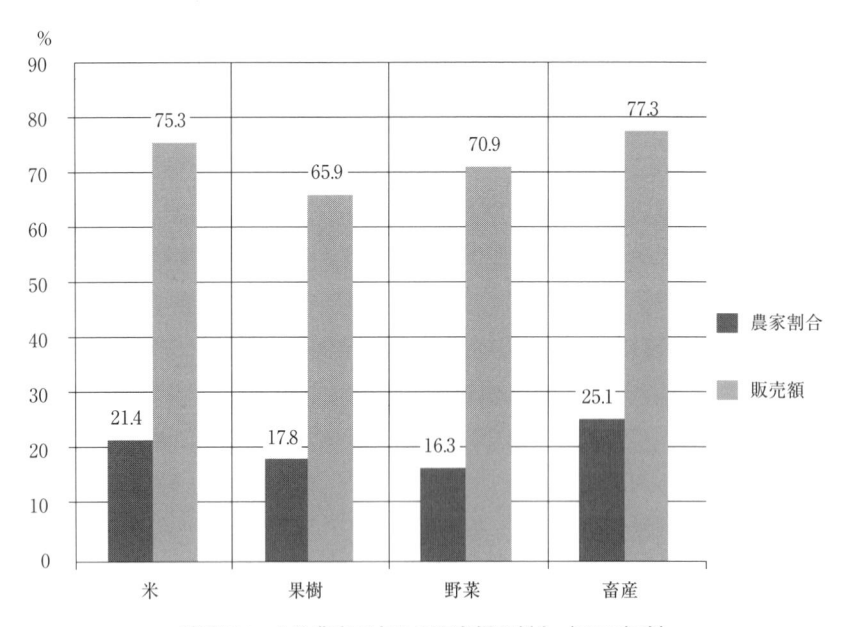

補論図1 　上位農家が占める販売額の割合（2009年度）

資料：韓国農林部「農林水産食品主要統計」格年度より作成。
注：上位農家とは、米は1,000万ウォン以上、果樹と野菜は3,000万ウォン以上、畜産は5,000万ウォン以上の農家。

補論　農産物市場自由化下の韓国農業の真の姿

補論表4　所得別農家戸数の推移（自給的農家の割合）

年度	50万ウォン未満	50～100未満	100～200未満	割合
2008	94,843	30,842	59,015	31%
2009	91,579	37,222	56,870	32%

資料：韓国統計局資料より作成。

3のように5年間に、専業農になって農業を維持すべき後継者がここまで減少したのである。「選択と集中」が生んだ韓国農業の悲しい現実である。このことは補論図1の韓国の上位農家が占める農業生産額の割合を見ても明らかである。この図によれば米、果樹、野菜、畜産それぞれの上位農家に当たる2割前後の農家層の販売額が農業生産額に占める割合が約7割～8割近くを占めていることが分かる。

　この数字を見る限り、韓国は短期間に農業構造改善事業を成功させているように見える。しかしその中身はどうなっているのか。

補論表4は自給的農家（年間農家所得200万ウォン（約15万円）未満農家）の割合であるが、2009年時点で自給的農家の割合が32％である。「選択と集中」は一部、企業的農家の成長は達成したかもしれないが、多くの農家は自給的農家でしか生活できなくなっている。

　構造改善事業を推し進めた結果、大規模農家層は育てられたが、依然として1.5ha未満層（2009年1戸当たり平均耕作面積は1.45ha、韓国農林部統計より引用）は8割近くを占めており、生産力全体を見ればむしろ減少傾向が顕著である。それは穀物自給率（**補論図2**）を見ると明らかである。1990年代に43.2％だった穀物自給率は、2009年には26.7％まで大幅な減少を見せている。

　また農家経済の状況を示す交易条件（**補論図3**）を見ると、農家購入価格の高騰（油、飼料など）によって2000年以降、年々悪くなっている。すなわち外見的な成長と違い、農業経営的な側面からは内実を伴っていないことが言える。一部大規模化が進み農業改善事業が成功しているように見えても、農業所得に大きく依存する大規模層の専業農こそ、苦しい経済環境に追い込まれている可能性が高くなっていることが伺える。

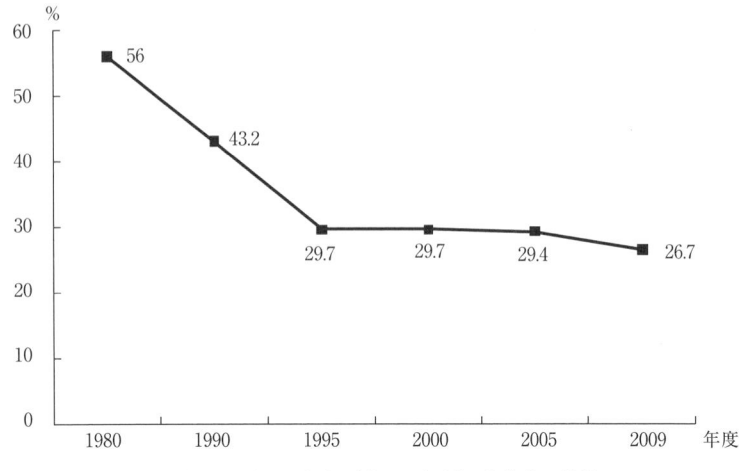

補論図2　韓国の穀物（食用・飼料）自給率の推移
資料：韓国農林部資料より作成

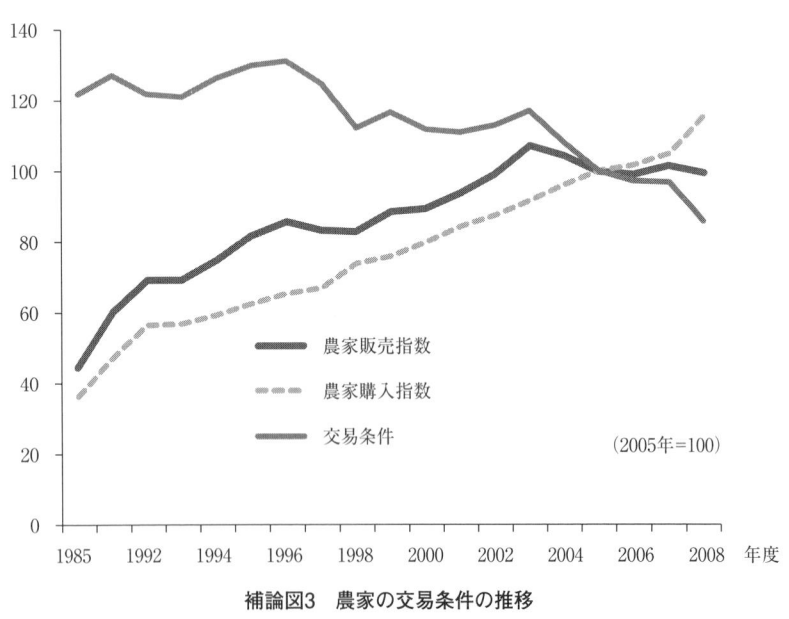

補論図3　農家の交易条件の推移
資料：韓国農林部「農林水産食品主要統計2010」2010年より作成。

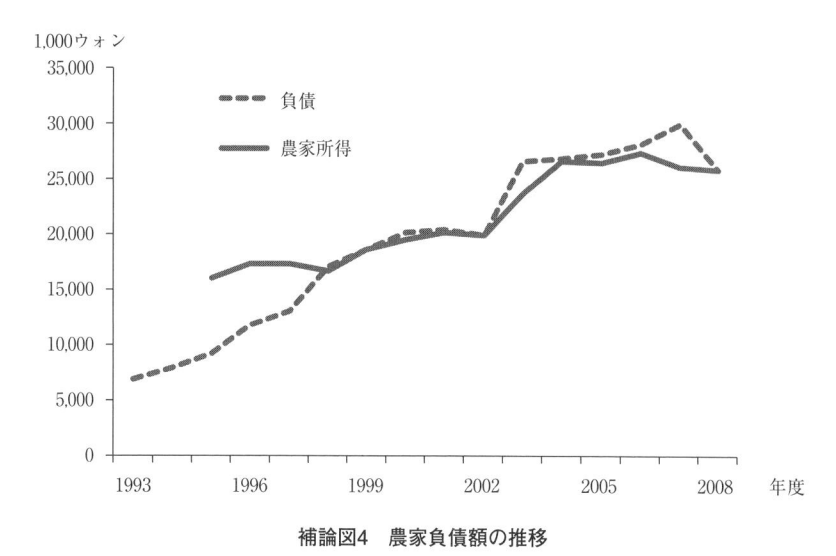

補論　農産物市場自由化下の韓国農業の真の姿

補論図4　農家負債額の推移
資料：韓国農林部「農林水産食品主要統計2010」2010年より作成。

　また**補論図4**のように農家負債は2000年以降農家所得を上回っている状況となっている。
　とくに問題なのは**補論図5**（後掲）のように、年々都市勤労者との所得格差が広がり、2008年時点で農業所得は都市勤労者所得の65％に過ぎない（農家所得約3,000万ウォン／都市勤労者所得約4,700万ウォン）。
　さらに、日本と同じく米作に大きな政策的支援をしてきた韓国の米の状況について見てみよう。韓国の米は日本に比べ遅れながらも2005年から政府の買い入れを原則的に中止し、市場原理を導入した。その代わり、急激な価格低下を防ぐために、日本と同じように面積当たりの一律固定支払と目標価格との差を補てんする制度が導入されている。ただし、固定支払は10ａ当たり約7万ウォンである。2008年の販売価格が1俵（韓国の1俵：80kg）約16万ウォン（1等級米（上質米））であり、10ａ当たり収量（2008年520kg）と合わせて試算すると、2008年の10ａ当たり総収入は約100万ウォンである（すべて韓国農林部農産物生産費統計から引用）。しかしこのうちコストが約40

万ウォンなので、固定支払部分は生産費の17.5％分を毎年払うことになる。当然韓国政府は莫大な財政負担が必要となり、本来「選択と集中」に反するとの意見が多いため、現在財政支出を減らす方向で検討に入り、2011年中に結論を出す予定である。もし削減が決まれば（現在のところ削減方針）米農家に大きな影響を及ぼすと思われる。

3．自由化を進める韓国の政治・経済的背景

以上で考察したとおり、韓国は韓・米FTAや韓・EU FTAを締結しているものの、まだ国会批准は経ていない。つまりまだ米国やEUから本格的に農産物が輸入されていないのである。それにも関わらずここまで見たように韓国農業の現実はすでに悲惨な状況となりつつある。専業農家比率（2008年時点58.3％）が高い韓国農業の状況から見れば、FTAによる関税の引き下げは即座に農家経済に大きな打撃を与えるようになる。

韓国農村経済研究院（国策研究機関という位置づけ）の試算によれば、韓・米FTAとEU FTAの被害額は合わせて毎年2兆ウォン（約1,500億ウォン）を超えると予想されている（2008年の韓国農業総生産額約39兆ウォンの22％に該当）。しかしその被害額はそれぞれのFTA被害額を合わせた金額に過ぎず、米国とEUからの輸入がほぼ同時に増加することを考慮すれば、その被害額はさらに広がると考える。しかし韓国政府は一層の「選択と集中」を通して対応する計画である。

2008年に発足した韓国の李明博（イ・ミョンバク）政権の農業政策の一部を紹介すると、さらなる選択と集中を謳っている。

李政権の究極の農業政策理念として「国家食品システム（企業として食料の供給から製造・流通まで行う）」があり、実質的に流通専門会社などの育成に力を入れている。同時に大企業の食品部門への誘致を強く推し進めている状況である。

それではこのような大胆な政策展開ができる背景には日本と異なり次の点

補論　農産物市場自由化下の韓国農業の真の姿

を指摘できる。まず産業構造の違いである。

　第4章の第1節でも指摘したように、2008年時点での韓国の貿易依存度は9割を超えており、日本の3割を大きく上回っている。さらに輸出依存度は日本の16％を大きく上回り、およそ40％を占めている。非常に貿易依存度が高い産業構造であり、国を維持するために、農業を犠牲にしてまで輸出産業を維持すべきであるとの主張が通りやすい環境となっている。

　次に日本との大きな違いであるが、韓国には基本的に農村の集落問題をほとんど取り上げられない社会風潮がある。したがって集落はなくなって都心部に集まって居住する方が社会・経済的に効率的であるとの認識が主流である。日本人の印象としては「身土不二」のスローガンがいまだに根強く残っているようであるが、それこそ農村と都市との利害関係が少ない時代の話である。

　このように農業・農村への考えが日本とまったく違う韓国を例に取りながら、今後日本が韓国のような「選択と集中」を政策理念として推し進めるならば、きっと今日の韓国農業の轍を踏むことになるだろう。なぜなら産業としての農業は生き残るかもしれないが人が生きる場としての農村地域は破壊されるからである。

4．産業として農業は残るが、生きる場として農村は消える

　政府によって「選択と集中」を推し進めた韓国農村の現実はどうなっているだろうか。**補論図5**は農家所得と都市勤労者との所得格差を示したものであるが、「選択と集中」が本格化し始めた1990年代から、両方の所得格差はどんどん広がっている。2008年時点で農家所得は都市勤労者所得の65％に過ぎない状況となっている。また**補論表5**を見ると、急速な都市化により農村人口の移出が大きくなっており、韓国の典型的な稲作地帯である全羅道の場合、農村からの移出は全羅北・南道において全国平均を大きく上回っている。しかし何より深刻なことは他地域ではまだ都市における人口が移出より移入

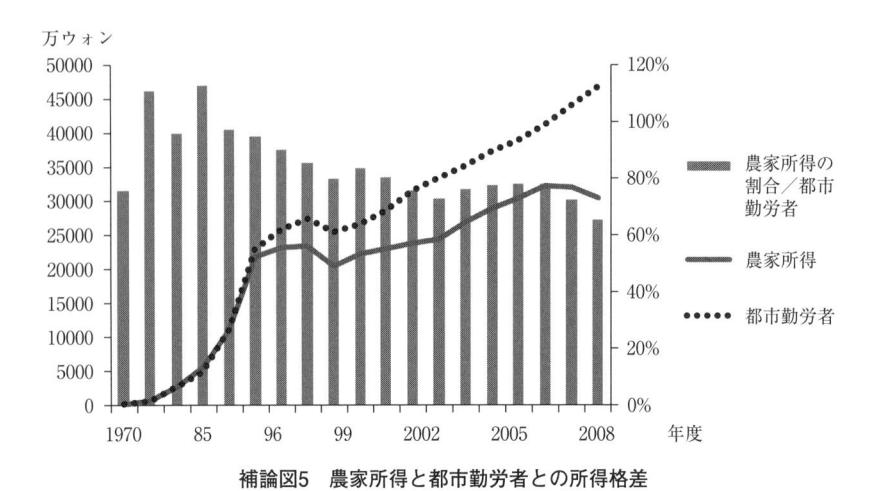

補論図5　農家所得と都市勤労者との所得格差

資料：韓国農林部「農林水産食品主要統計2010」2010年より作成。

補論表5　都市人口および農村人口の年度別推移（1995～2000）

	都市人口	農村人口	年度	農村人口（千名）
全国平均	0.7	－3.7	1985	1,926
京畿道	3.2	－3.1	1990	1,767
江原道	0.3	－3.3	1995	1,501
忠清北道	1	－3.2	2000	1,383
忠清南道	0.9	－3.5	2003	1,264
全羅北道	－0.1	－4.4	2004	1,240
全羅南道	－0.7	－4.2	2005	1,273
慶尚北道	0.4	－3.9	2006	1,245
慶尚南道	0.8	－3.8	2007	1,231
済州道	0.3	－2.4	2008	1,212

資料：キム・キョンドック［2004］より引用。
注：プラスは移入、マイナスは移出を表す。

傾向であるのに対し、全羅道の場合、都市における人口でさえ移出が起きていることである。このまま行けば、農村と都市両方から人口移出が止まらない可能性が高い。

　補論表6は韓国農業の全貌を明らかにするために、農業の主要指標をまとめたものである。上段は韓国の指標、下段は日本の指標であるので相互に比

補論　農産物市場自由化下の韓国農業の真の姿

補論表6　韓・日の農業主要指標の比較

上段は韓国、下段は日本の指標

年度	農家戸数	割合	農家人口	割合	1戸当たり世帯員数	農家年齢構成			就業形態		
	千戸	%	千人	%	人	15未満	60歳以上	65歳以上	専業率	1種	2種
1970	2,483	42.4	14,422	44.7	5.8	−	7.9%	4.9%	67.70%	19.7%	12.6%
1975	2,379	35.2	13,244	37.5	5.6	36.1%	8.8%	5.6%	80.6	12.5%	6.9%
1980	2,155	27	10,827	28.4	5.0	29.8%	10.5%	6.8%	76.2	13.7%	10.1%
1985	1,926	20.1	8,521	20.9	4.4	24.8%	13.8%		78.8	8.7%	12.5%
1990	1,767	15.6	6,661	15.5	3.8	20.6%	17.8%	11.5%	59.6	22.0%	18.4%
1995	1,501	11.6	4,851	10.8	3.2	14.0%	25.9%	16.2%	56.6	18.5%	25.0%
1996	1,480	−	4,692	10.3	3.2	13.9%	28.6%	18.2%	56.5	16.5%	27.0%
1997	1,440	−	4,468	9.7	3.1	12.8%	29.9%	19.2%	58.7	14.2%	27.1%
1998	1,413	−	4,400	9.5	3.1	12.9%	30.5%	19.6%	63.2	12.7%	24.1%
1999	1,382	−	4,210	9	3.1	12.1%	32.2%	21.1%	63.6	12.5%	24.0%
2000	1,383	9.7	4,031	8.6	2.9	11.4%	33.1%	21.7%	65.2	16.3%	18.6%
2001	1,354	9.1	3,933	8.3	2.9	11.3%	36.2%	24.4%	65.3	12.0%	22.7%
2002	1,280	8.5	3,591	7.5	2.8	10.7%	38.2%	26.2%	67.3	10.9%	21.8%
2003	1,264	8.3	3,530	7.4	2.8	10.7%	39.0%	27.8%	64.3	11.5%	24.3%
2004	1,240	8	3,415	7.1	2.8	10.3%	40.3%	29.3%	63.3	11.9%	24.8%
2005	1,273	8	3,434	7.1	2.7	9.8%	39.3%	29.1%	62.5	13.0%	24.5%
2006	1,245	7.7	3,304	6.8	2.7	9.5%	40.8%	30.8%	63.1	12.1%	24.8%
2007	1,231	7.5	3,274	6.8	2.7	9.4%	42.0%	32.1%	61.3	11.7%	27.0%
2008	1,212	7.3	3,187	6.6	2.6	9.0%	43.5%	33.3%	58.3	13.2%	28.5%

資料：韓国のデータは、韓国農林部「農林水産食品主要統計2010」2010年より作成。

年度	農家戸数	割合	農家人口	割合	1戸当たり世帯員数	農家年齢構成			就業形態		
	戸	%	人	%	人	15歳未満	60歳以上	65歳以上	専業率	1種	2種
1970	5,402,190	17.8	26,594,589	25.4	4.9	23.3	16.7	11.7	15.6	33.6	50.8
1975	4,953,071	14.7	23,197,451	20.7	4.7	20.1	19.3	13.7	12.4	25.4	62.1
1980	4,661,384	12.9	21,366,308	18.3	4.6	18.4	21.2	15.6	13.4	21.5	65.1
1985	4,376,013	11.5	19,838,778	16.4	4.5	18.2	24.1	17.3	14.3	17.7	68.0
1985	4,228,738	11.1	19,298,323	15.9	4.6	18.2	24.0	23.4	11.8	17.9	48.7
1990	3,834,732	9.3	17,296,104	14.0	4.5	17.3	28.5	20.0	12.3	13.6	51.5
1995	3,443,550	7.8	15,084,304	12.0	4.4	14.6	33.0	24.7	12.4	14.5	50.1
2000	3,120,215	6.6	13,458,177	10.6	4.3	12.8	35.7	28.6	13.7	11.2	50.0
2005	2,848,166	5.7	11,338,790	8.9	4.0	10.8	38.1	31.6	15.6	10.8	42.6

資料：農林水産省「農林業センサス」。
注：1）就業状態においては、1985年以降は販売農家から算出。
　　2）JC総研基礎研究部研究員（大仲克俊）作成。

較しながら韓国農業の特徴について述べたい。

　農家の年齢構成を見ると、韓国と日本は類似しているものの、韓国の状況がもっと深刻な状況に達している。2008年時点ですでに、60歳以上の人口比率が43.5％であり、65歳以上でも33.3％となっている。高齢化は日本を上回

るほどに拡大している。これに対し、15歳未満の子供の割合は、日本の10.8％に対し、韓国は９％過ぎず、さらに１戸当たりの世帯員数は日本の４人に比べ、大変少ない2.6人である。

　これらのデータに基づいて韓国の農家像を描くと、１世代または辛うじて２世代で構成されていることが分かる。さらに就業形態は兼業機会が少なく、専業率が極めて高い。したがって農業経営の悪化が農家に直撃する構図となっている。産業基盤が農業である全羅道の場合、まさにこのような構図であり、農村部はもちろんのこと、都心部の人口移出さえ起こす悪循環に入っていることが分かる。今後、農業経営がこれ以上悪化すると、子供を抱えた年齢層にとって、韓国の農村は定住できなくなり、加速度的に高齢化が進行し、農村の再生産は限りなく困難になる可能性が高い。いやむしろそのような状況に差し掛かろうとしている。

５．韓国農業が日本農業に与える示唆点

　今後、日本がTPPに参加するか否かはまだ予測できない状況であるが、１つはっきり言えることは、FTAを先行し、農業を犠牲にした韓国の今が日本の将来になりうるということである。しかし日本政府やマスコミはそのような事実を伝えようとせず、まるで韓国の農業改革は成功し、FTAをより早いスピードで進めたかのように宣伝する。

　日本にとってTPPを進めることが本当に国益になるかどうか、きちんと見極めて行かないといけない時期である。ここで力を合わせ、農業・農村が持つ偉大なる価値というものが、果たして貿易の拡大のために、犠牲になってもよいか、もう一度考えないといけない。なぜなら一回破壊された農業・農村の復活は困難を極めるからである。

　筆者はかつて大分県大山村の田舎町で食べた農家レストランの味が忘れられない。そこでは自ら農業を営みながら、また日本の昔の味を普及しようと頑張っているお婆さんたちがいた。そこには飾らない味、洗練されてはいな

いけれど素朴で、昔の調理方法で作った山菜や野菜料理の数々、それは都市生活者が忘れかけている故郷を思い起こさせる力があったと考える。

それは「農」にはまだ人間として本来あるべき位置に戻ることができる（癒される）力が残っているのではないかという筆者の新しい発見でもあった。

今、皆が考えるべき課題はこうした本来戻るべき場としての「農（業・村）」を如何に維持・発展させるかということではなかろうか。

［参考・引用文献］
李裕敬「韓国における大規模稲作農家の存立条件－韓国慶尚北道慶州市安康平野を事例に－」『日本農業経済学会論文集』日本農業経済学会、2010年。
韓国農村経済研究院『韓国農業展望2010年』2010年。
韓国統計庁「農林水産食品主要統計2010」2010年。
キム・キョンドック『農村・農家人口および農業労働力中長期展望と政策課題』韓国農村経済研究院、2004年12月。
ファン・ユンジェ他『食品需給表』韓国農村経済研究院、2009年。
深川博史「第2章農業の特徴と構造－日本との比較－」『韓国農業の展開と戦略』農林水産政策研究所、2006年。
柳京熙・李裕敬「FTAを先行した韓国農業の現状と日本農業への示唆点」『JC総研レポート』特別号、2011年3月。

第5章
韓国における米の位置づけと需給構造

　韓国において米は主食としての重要性はもちろんのこと、農業部門に占める直接的な経済効果と並んで環境保全、水資源の浄化および保全、景観の形成などのほか、伝統文化の維持という公益的機能を持ち合わせている。したがって経済への影響より政治的な意味合いを強く持つ。

　後で詳しく考察するが、韓国がFTA交渉において最初から米を除外して臨むことにはこのような背景がある。また米は2004年のWTO多国間交渉で、10年間のミニマムマーケットアクセス（以下、MMA）を経た後に、関税化へと移行が決まっており、FTAとは別個に自由化手順を踏んでいる。したがって、いくらFTA交渉で米を交渉対象から除外したとしても、現に輸入の影響は多かれ少なかれ受けている状態にある。

　それでは以下では韓国における稲作の現状を明らかにするために、生産から消費に至るまでの米の需給構造について詳しく考察をしたい。

1．韓国農業における稲作政策の特徴

　まず韓国農業における稲作の位置づけについて見てみたい。2009年時点の統計データを見ると、全農家のうち69％に達する82万7,000戸が稲作に携わっている。これを耕地面積からみれば51％が米を生産している。このように韓国農業において米は非常に重要な地位を占めている。しかし、食生活の洋風化によって米消費量が減少し、1994年の1人当たり消費量は108.3kgであったが、2010年には72.8kgにまで減少し、わずか6年間に35.5kgもの大幅な

表5-1　1990年以後の米関連主要政策

年度	施策・制度
1991	米穀総合処理場の支援事業着手
1993	糧政改革方案発表、UR交渉妥結
1994	農協を通した差額を支給する買上制度の導入
1995	WTO体制発足、「米専業農」育成事業の改編
1997	米約定買上制導入、経営委譲直接支払制度の導入
2001	米直接支払制度の導入
2002	米所得補填直接支払制度の導入
2003	米生産調整制度の試範事業を導入（3年間限定）
2004	米関税化猶予交渉の妥結（2014年まで関税猶予化延長）
2005	米直接支払制度と米所得補填直接支払制度の統合、公共備蓄制度の導入
2006	米穀総合処理場に対する乾燥・貯蔵施設および運営資金支援の導入
2007	米穀総合処理場に対する米買入資金支援、高品質米のブランド育成事業の導入
2009	米所得等補填直接支払金を固定直払金と変動直払金に区分して施行
	高品質米の最適経営体育成事業の導入

資料：韓国農村経済研究院「WTO体制下における米政策推進経過」2006年11月より再構成したものである。

減少が起きている。

　また、2009年の農業総生産額は43兆ウォンであるが、米が占める割合は20％（8.7兆ウォン）に過ぎない。さらに、米消費の縮小と供給過剰による米価の不安定性は年々増幅している。

　こうした中、1995年のWTO体制の発足は韓国農政の舵取りが大きく「開放農政（市場自由化）」へと切り替わるきっかけとなった。こうした路線変更には市場自由化による農業部門への悪影響の懸念から競争力確保のための諸措置が具体的に模索される時期でもあった。また当時、過剰問題で苦しんでいた米問題を根本的に解決すべく、量から質への転換を本格的に取り組む体制へと変わって行った。以下ではガット農業交渉およびWTO体制発足以後から変化してきた韓国の稲作に関わる政策の転換について考察したい。

　表5-1は1990年代以後に施行・導入された米関連主要政策を示している。韓国政府は1993年12月のUR交渉の妥結や1995年1月のWTO体制発足以後、農政の基本方針を市場開放化とそれに伴う国内対策として構造改善に重点を置いた。この頃「農漁村発展対策」および「農政改革推進委員会」を発足させ、構造改善事業の推進を図るようになっている。稲作の場合、構造改善事

第5章　韓国における米の位置づけと需給構造

業の一環として担い手を選定し、その主体である「米専業農」の保護と育成を図ろうとした。「米専業農育成事業」がその代表的政策である。また、高齢農家のリタイアを促進し、米専業農へと農地流動化を円滑に行うために「経営委譲直接支払制度」を取り入れるなどの構造改善に関する様々な政策を展開した。

また、米の生産・加工・販売までを一貫して行い、生産費の削減を図るために「米穀総合処理場」の導入を積極的に行った。乾燥していない籾を買上げることが可能になったことで、生産コスト節減効果をもたらす一方、高品質米の販売が大きく期待された。

またWTO協定に基づき、政府の買い入れに伴う補助金を削減するために1997年から既存の「政府買入方式」から播種前に政府が提示した価格で政府と農家が買い入れ量を約定する「約定買上制度」へ切り替えた。

2000年代は米の供給過剰が顕在化し、韓国政府は需給安定対策を講ずるようになり、稲作農家の所得安定をはかるため「水田農業直接支払い制度」と「米所得保全直接支払い制度」を施行するようになった。

2004年12月には、UR交渉で得られた米関税猶予措置をWTOにおいても10年間の限定付きで関税猶予を認めさせた。これに伴い韓国政府は安定的な食糧確保を目的に「公共備蓄制度」を取り入れ、「水田農業直接支払制度」と「米所得保全直接支払い制度」を統合するなど、農家の所得安全装置を強化した。また、米の流通構造を改善するため「米穀総合処理場」への支援を強化し、流通過程のコスト節減と一層の高品質米の生産に取り組んだ。

2007年からは輸入開放の拡大に伴う韓国産米の高品質化を促進するために「高品質米のブランド育成事業」を施行した。また、市場開放による米価下落がもたらす農家所得の下落を防止し、適正水準を維持するために「米所得補填直接支払制度」をWTOの許容補助要件に合わせるような措置を取った。その内容を簡単に紹介すると、支給対象農地で米を耕作した農業生産者に対し、米価の変動に連動しない「固定直接支払い金」以外に、該当年度の新米の収穫期平均価格が目標価格に達しない場合、その価格の85％を支給する

「変動直接支払い金」を別に設定し、区分して運用している。また、零細農家では米の品質向上が困難であるという現実から、50ha以上の面積を確保し、品質向上および組織化を通じてコスト節減を図る「最適経営体育成事業」を積極的に行うことで一層の構造改善を図ろうとしている。

2．韓国における稲作の現状

1）栽培面積の現況

図5-1は1994年から2010年までの栽培面積を示したものである。農産物の市場開放化以後、韓国の稲作の栽培面積は減少の推移を辿っている。1994年の110万2,608haから2010年には88万6,516haにまで低下し、およそ21万6,092haが減少した。これは年平均で1万2,711haが減少した計算となる。とくに、2002年以後はその減少が激しくなっている。

韓国政府は2004年8月に米市場の開放幅が拡大されることを骨子にした

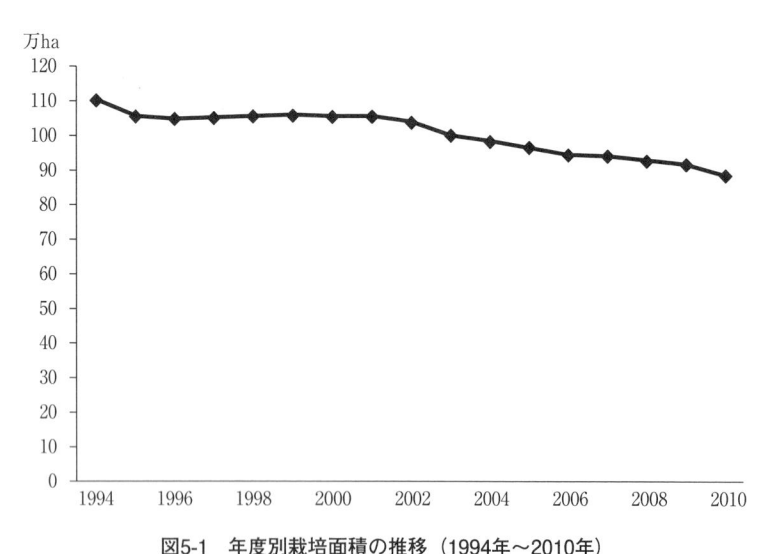

図5-1　年度別栽培面積の推移（1994年～2010年）

資料：韓国統計庁「農作物生産調査」各年度。

「米産業発展対策」を樹立し、2005年には「糧穀管理法」の改訂、「米所得等の保全に関する法律」の制定など、稲作農家に配慮してきたが、それにも関わらず栽培面積は急速に下落している。

2）10a当たり米生産量

図5-2は1994年以後10a当たり米生産量を示したものである。自然災害と天候変動の影響によって年度ごとに生産量の変動が見られるものの10a当たり米生産量は1994年に619kg、1999年に664kg、2004年に679kgとなり、2009年には最高水準である706kgまで生産量は伸びている。

図5-3は1994年以後の米生産量を示したものであるが、10a当たり生産量の増加とは裏腹に、水田面積の減少に伴い1999年の703万2,751トンを境に、米生産量の減少が続いており、2004年に668万137トン、2009年に647万7,922トンとなっている。

図5-4は1994年から2010年までの平均生産量662万4,335トンから各年度の生産量を引いた差を示したグラフであるが、全体的に生産量が下落していることが分かる。これは前述した栽培面積の減少とも密接な関連がある。

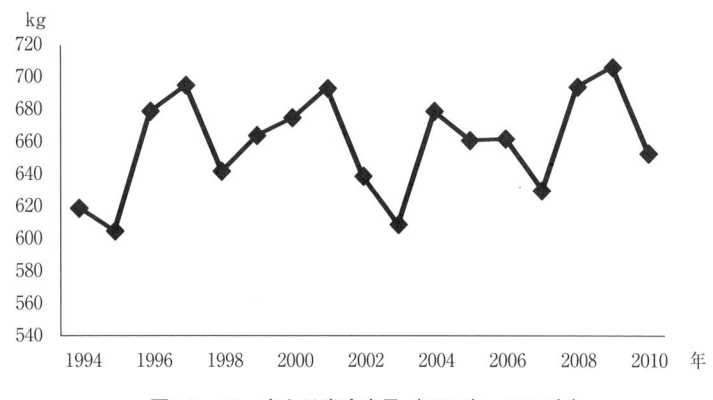

図5-2　10a当たり米生産量（1994年～2010年）

資料：韓国統計庁「農作物生産調査」各年度。

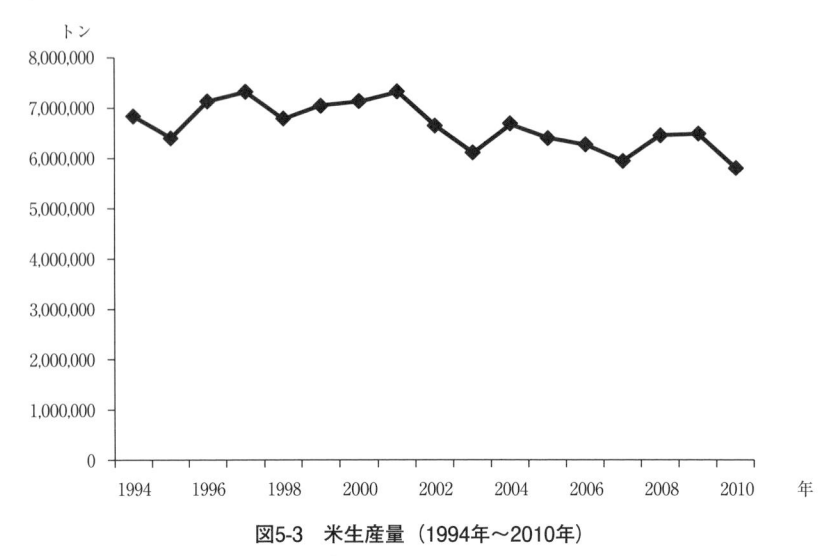

図5-3　米生産量（1994年〜2010年）

資料：韓国統計庁「農作物生産調査」各年度。

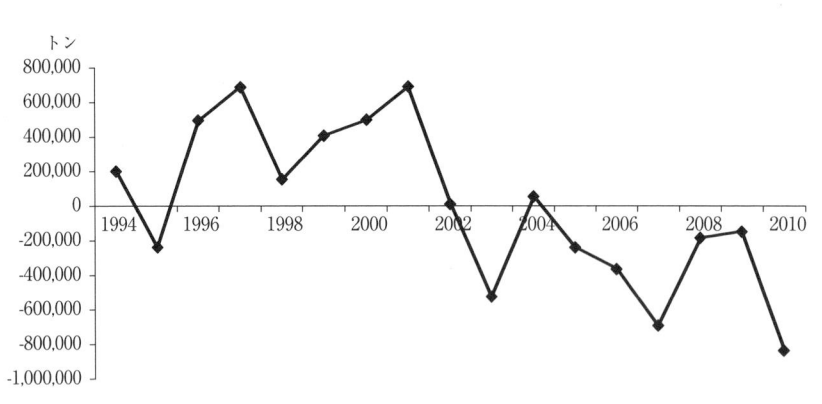

図5-4　生産量の平均値と年度別生産量の差（1994年〜2010年）

資料：韓国統計庁「農作物生産調査」各年度。

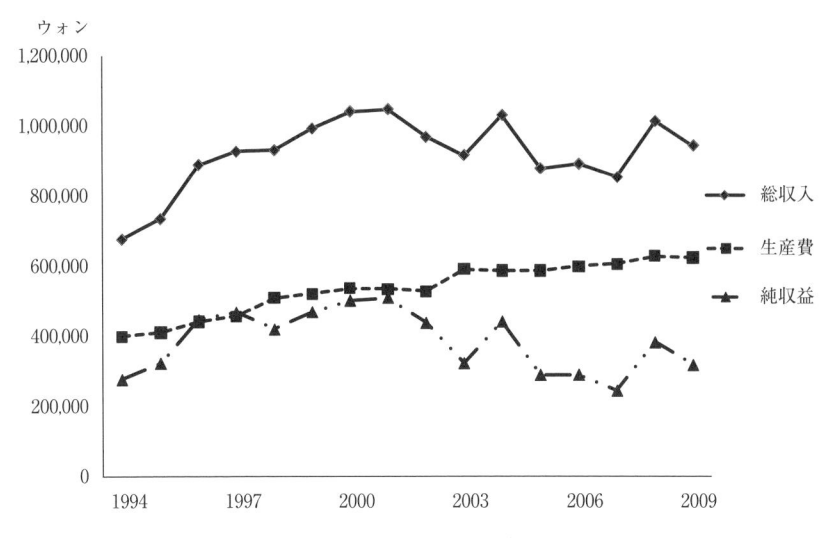

第5章　韓国における米の位置づけと需給構造

図5-5　年度別10ａ当たり所得の変化（1994年～2009年）
資料：韓国統計庁「農作物生産費調査」各年度。

3）10ａ当たりの所得の変化

　図5-5は1994年から2009年度までの10ａ当たりの総収入と生産費および純利益を示したものである。総収入は1994年に67万9,450ウォン、1999年に99万3,278ウォン、2004年に103万301ウォン、2009年に94万4,438ウォンとなっており、1994年から2001年までは継続に上昇してきたが、2001年以降増減を繰り返している。

　一方で、生産費は1994年に40万502ウォン、1999年に52万2,700ウォン、2004年に58万7,748ウォン、2009年に62万4,970ウォンとなっており、上昇傾向である。

　その結果、純利益は1994年に27万8,948ウォン、1999年に47万578ウォン、2004年に44万2,553ウォン、2009年に31万9,468ウォンとなっており、2000年以後栽培面積の減少に伴う生産量の低下、そして生産費の増加によって純利

137

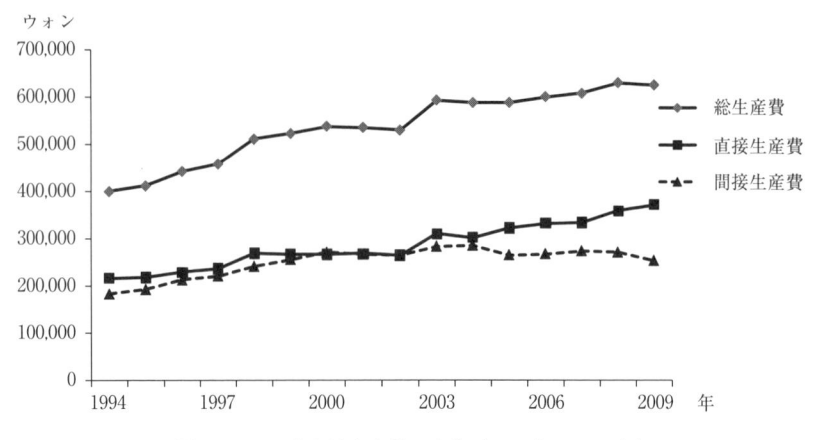

図5-6　10 a 当たり生産費の変化（1994年～2009年）
資料：韓国統計庁「農作物生産費調査」各年度。

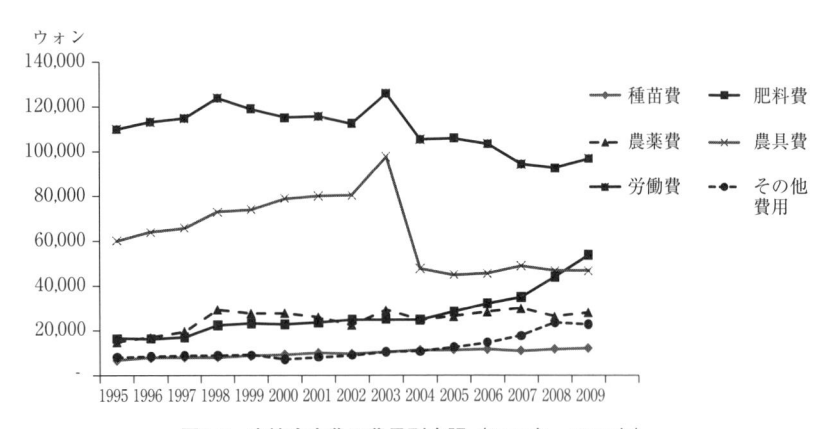

図5-7　直接生産費の費目別内訳（1995年～2009年）
資料：韓国統計庁「農作物生産費調査」各年度。

益が全体的に減少している。

　次に生産費の内訳について詳細に見てみたい。図5-6は1994年から2009年までの10 a 当たり生産費を示したものであるが、総生産費は全体的に増加傾向である。生産費は種苗費、肥料費、農具費、労働費で構成される直接生産

第5章　韓国における米の位置づけと需給構造

図5-8　間接生産費の費目別内訳（1994年～2009年）
資料：韓国統計庁「農作物生産費調査」各年度。

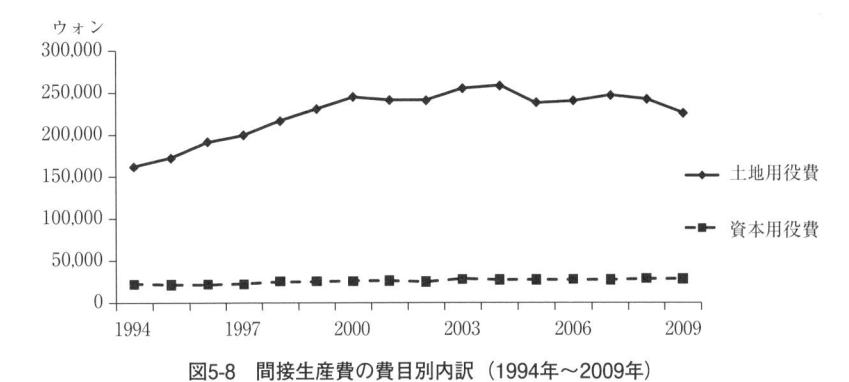

費と土地用役費、資本用役費の間接生産費で構成されている。

　直接生産費は増加傾向を見せているが、間接生産費は2003年までは増加傾向であったが2004年以後下落している。すなわち、総生産費の増加は間接生産費より直接生産費の増加の影響である。

　図5-7は直接生産費である種苗、肥料、農薬、農具、労働、その他費用を示したものである。労働費と農具費を除外した全ての項目で上昇している。とくに、肥料費とその他費用の増加が直接費用の増加につながっている。

　次に、図5-8は間接生産費である土地用役費、資本用役費を表したものである。資本用役費はほぼ一定な水準で変動は見られない。一方、土地用役費は全体的に増加してきたが、2004年以降は減少していることが分かる。

　以上、生産費増加の背景には継続的に肥料と農薬、そして土地用役費が増加したことにその原因がある。

3．米消費量の変化と需給構造

　図5-9は1人当たり年間米消費量の動向を示したものであるが、1人当たり年間米消費量は1994年に108.3kgから2010年には72.8kgまで減少しており、とくに1994年以後は顕著である。ただし2004年以降はその前に比べると、減

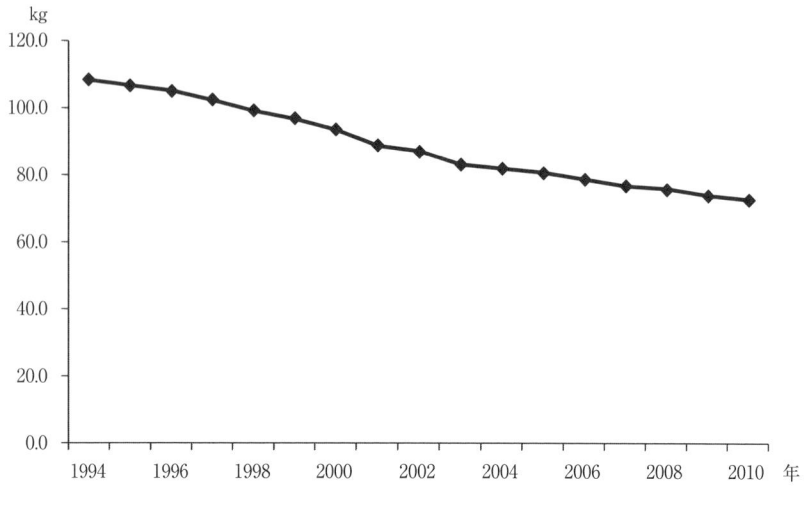

図5-9　1人当たり年間米消費量動向（1994年〜2010年）

資料：韓国統計庁「農作物生産費調査」各年度。

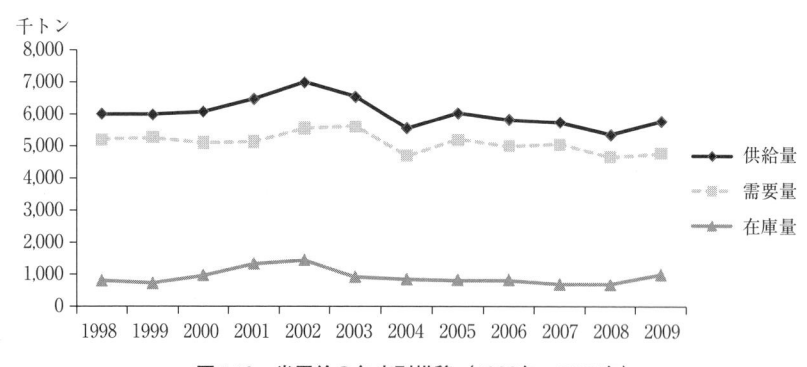

図5-10　米需給の年度別推移（1998年〜2009年）

資料：韓国統計庁「米生産量」各年度、韓国農林部糧政課資料より作成。

少率が若干緩やかになった。

　図5-10は、1998年から2009年度までの米需要量と供給量、在庫量を示したが、供給量は1998年に602万2,000トンから2009年578万7,000トンと増減を繰り返し推移しているものの、全体的に増加傾向を見せている。需要量は1998年に521万6,000トンをピークとし、2009年479万2,000トンと増減を繰り返し

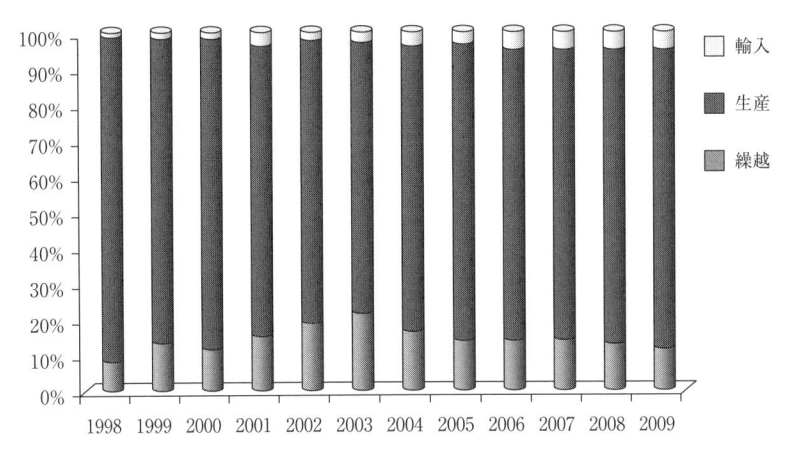

第5章　韓国における米の位置づけと需給構造

図5-11　米供給量の構成と年度別推移（1998年〜2009年）
資料：韓国統計庁「米生産量」各年度、韓国農林部糧政課資料より作成。

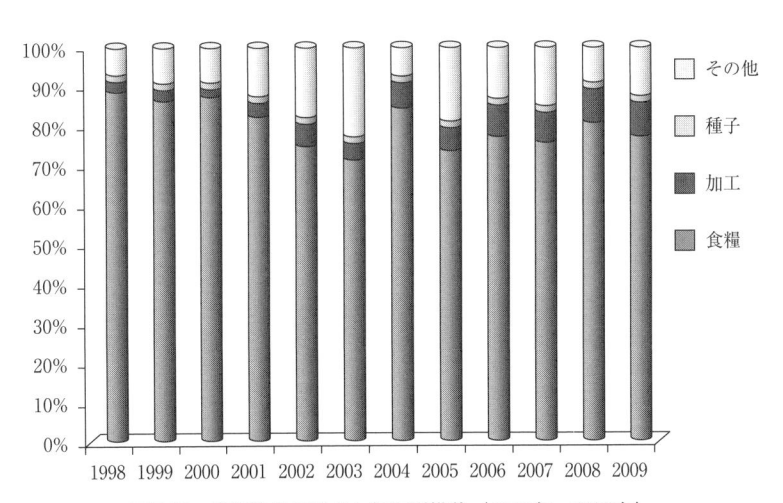

図5-12　米需要量の構成と年度別推移（1998年〜2009年）
資料：韓国統計庁「米生産量」各年度、韓国農林部糧政課資料より作成。

ながらも減少傾向である。在庫量は1998年に806トンから2009年には995トンとなっており、最近増加傾向を見せている。

図5-11は米供給量の構成を表しているが、国内生産量は栽培面積の減少に

141

よって減少傾向を見せており、MMAの影響によって輸入量が毎年増加している。

図5-12は米需要量の構成を示したもので、1人当たり米消費量の減少によって食糧への比重が低下している。これを重くみた韓国政府は米消費促進策の一環として米の加工を奨励しており、加工用に仕向けられる量が伸びていることが分かる。

4．韓国の米生産の将来展望

1990年代に入り農産物市場自由化の圧力が強くなるにつれ、米の栽培面積と生産量は減少している。またMMAの物量増加と食生活変化に伴う米消費量の減少の影響によって平年作の場合でも米の供給過剰が発生するなどの問題が恒常化している。FTA交渉において米を除外するなど、政治的配慮が見られるものの、米を巡る経済状況は必ずしも明るくない。このことは、栽培面積と生産量の減少量よりもMMA物量と消費量減少幅の増大の方がより深刻な事態であることを意味する。また直接生産費のうち肥料費と農薬費、その他費用は増加しており、間接生産費においても地代である土地用役費も増加していることで、総生産費用は増加している。その結果、農家の総収入が増加しているにも関わらず純利益は減少している。こうした問題を解消するために、在庫の処理を円滑に行う必要があり、安定的な需要先の確保が必要となっている。

韓国政府は需要先確保のためにMMA米と国産米に対して加工用の需要を開拓する計画を進めているが、こうした計画の実行に伴って農家の立場を考慮せずに推進しているのが実情である。例えば、加工業者としては可能な限り低価格の原料確保が優先されるが、近年の米の品質向上により加工用米として安い米の確保が困難となっている。当然農家としては低価格で米を販売するメリットは存在しない。したがって需給調整が円滑に行われにくいのである。また、韓国政府は今年（2011年）から米供給縮小のため、「水田農業

多様化事業」を行い、その一環として米以外の作物の栽培を振興する予定である。これは米の生産を抑止し、供給量を減らすという意図ではあるが、これを成功させるためには先に、米に代わって栽培される農産物、例えば豆類や飼料用トウモロコシなどの販売網の確保が必要である。

　これまで主に米を栽培してきた生産者がそれ以外の作物を栽培した場合、販売網の確保に多くの困難があると考えられる。また、飼料用トウモロコシの場合は需要先が畜産農家となるが、2011年、韓国国内で発生した口蹄疫の影響により畜産が大きな打撃を受けたためその需要量は減少すると予想される。さらに、豆類の場合でも水田の排水設備が必要であるが、小規模の個別農家単位では排水設備の設置・改良が困難であろう。

　また、米の栽培面積を減らすことと並んで増加する生産費問題を解決する必要がある。そのために、農家の組織化や機械の共同利用など生産費の削減が可能となる制度的なシステムを補完する必要がある。これには、共同育苗と共同防除、共同収穫を通じて生産費を最小化する努力とともに、種子の統一化などを通して、高品質化を図る必要がある。ただし米の全面市場開放までさほど時間が残っていないのである。このため、今の韓国政府の「専業農」中心の農業構造改善政策がこれまで何をもたらし、またどのような問題を引き起こしているかを、もう一度吟味し、有効な対策を講ずることが至急必要となっている。

[参考・引用文献]
キム・ビョンリュル『WTO体制下における農産物需給および価格安定方案研究』韓国農村経済研究院、2001年。
キム・ビョングテック『韓国の米政策』ハンオル・アカデミー、2004年。
キム・ビョングテック『韓国の農業政策』ハンオル・アカデミー、2002年。
キム・チョンホなど『WTO　体制下における米産業政策の評価と課題』韓国農村経済研究院、2006年。
パック・オンギュ他「米需給安定方案研究」韓国農村経済研究院、2009年。

第6章
韓国における肉牛・原乳の需給構造

　韓国の肉牛・酪農部門は経済発展に伴い、徐々に生産を拡大してきた。しかし国内における肉牛生産は増え続ける牛肉需要に対応しきれず、輸入の拡大を余儀なくされてきた。さらに牛肉の輸入自由化を巡ってはガット農業交渉が1986年9月に開始されたが、韓国はガット農業交渉の重点を米に置いたことから、1993年12月に2001年からの牛肉輸入自由化が決定されるに至った。1993年に牛肉輸入をめぐるガット農業交渉で2001年から41.2％の関税により、牛肉市場は完全に開放された。その結果、牛肉自給率は1980年に93.1％であったが、1990年には53.6％に低下し、2001年には42.0％まで下がっており、牛肉輸入自由化決定は韓国の肉牛生産に多大な影響を及ぼしている。農業政策とりわけ牛肉生産においては前近代的機構として指摘されていた流通に力点が置かれ、と畜施設の現代化などのハード事業に大きな投資が行われる一方、格付け制度の導入、家畜改良を通して、輸入自由化に対抗できるブランド肉育成にも大きな力を入れている。

　一方、酪農部門においては、主に牛乳の価格安定に力点が置かれてきたが、思うような成果を挙げることはできなかった。

　そこで本章は、第5章の米の構造分析に引き続き、第6、7章にかけては韓国の畜産部門を取り上げ、FTAとの影響を念頭に置きながら、韓国内の需給構造を中心として考察を行う。

まず第6章では牛肉輸入自由化を前後として大きく変化した韓国の肉牛[1]（韓牛[2]を含む）および酪農部門に焦点を当てその展開過程を振り返りながら、さらにFTA（韓・米FTA、韓・EU FTA）の影響についても言及する。

1．畜産部門の予算執行から見た畜産政策

1）畜産部門の予算支出

韓国の畜産部門の予算は一般会計、特別会計、畜産発展基金から構成されている。2008年度の予算執行状況を見ると、畜産発展基金が全体の畜産予算の82％を占めている（1兆2,716億ウォンのうち、1兆443億ウォン）。

そのうち畜産発展基金について若干説明をすると、1974年に初めて設置されて以降、2008年12月時点で5兆7,975億ウォンが助成され、3兆8,778ウォンが各種畜産事業の補助金として支出された。補助金の支出内容を見ると、畜産物の需給安定に約1兆5,000億ウォンが支出され、全体の38.8％を占めている。次に家畜改良と経営改善に約1兆ウォンが支出され、全体の26.3％を占める。2つの支出を合わせると約65％を占める。流通改善事業と貸付金譲渡にそれぞれに約2,800億ウォンと2,700億ウォンが支出され、全体に占める割合はそれぞれ7.4％、7.1％を占めている。上位2つの支出額に比べると大きな差が存在する。さらに畜産農家への貸付金として1兆9,197億ウォンが支出されている。

これまでの畜産発展基金の支出内容を見ると、価格安定機能と改良に大きな比重を占めていることが分かる。

---

1 肉牛とは乳牛のメス牛と韓牛を除くすべての牛を指すが（韓国統計庁の用語解説引用）、本書では統計上の区分に従って説明する以外に、牛肉として供用されるすべての牛（韓牛を含む）を指す。

2 韓牛とは、日本の和牛（黒毛和種）と同じ位置づけがなされた韓国伝来の肉牛品種である。肉質的に輸入牛肉に対応できるとされている。2008年時点で韓牛が76.6％、肉牛専用種（F_1など）が15％、乳牛が8.3％を占めている（農水畜産新聞「畜産年鑑2009」を基に、筆者が算出した）。日本の和牛に比べると、まだ韓牛の割合は高く、韓国の国産牛肉の主流を占めている。

第6章 韓国における肉牛・原乳の需給構造

表6-1 畜産主要部門の予算執行内容（2008年度）

（単位：億ウォン、％）

項目	金額	構成比
流通構造改善事業	4,309	60.5
・と畜加工業者	1,408	
・ブランド経営体	1,883	
・飼料産業への支援	841	
・飼料代の補填	174	
・その他	3	
畜産物需給および価格安定資金	950	13.3
・原乳需給	243	
・給食（牛乳）支援事業	177	
・自助金事業	198	
・畜産物需給安定	182	
・子牛安定	132	
・緊急経営2次補填	18	
親環境支援事業	725	10.2
・粗飼料生産基盤助成	398	
・自然循環農業活性化	323	
・親環境畜舎	4	
生産構造改善事業	360	5.1
・家畜共済事業	264	
・競走馬育成事業	95	
・養蜂産業育成	15	
畜産技術普及	312	4.4
・家畜改良	249	
・種畜施設現代化	34	
・衛生関連専門人員	29	
防疫事業	245	3.4
衛生・安全性確保	226	3.2
・格付け制度の支援	86	
・牛肉履歴追跡	110	
・と畜検査	30	
合計	7,127	100.0

資料：農水畜産新聞『畜産年鑑2009』2010年より作成。

　それではもう一度2008年の予算執行状況に戻ってその詳細な支出内容を見ると、当初の予算1兆2,716億ウォンのうち、85％に当たる1兆2,175ウォンが該当年度に支出され、残り556億ウォンは2009年度に繰り越された。

　表6-1は2008年度の主要畜産関係予算の支出内容であるが、過去（2002年との比較（**表6-2**））と大きく変わったことは、畜産物需給安定・価格安定への支出が大きく後退し、流通構造改善事業に最も多くの支出がなされたこと

147

表6-2 畜産主要部門の予算執行内容（2002年度）
(単位：億ウォン、％)

項目	金額	構成比
畜産需給及び価格安定資金	1952	31.0
自律事業費	741	11.8
加工販売施設	527	8.4
経営与件改善	506	8.0
韓牛多産奨励金	405	6.4
輸出活性化	386	6.1
家畜改良	282	4.5
家畜疾病根絶対策	242	3.8
飼料事業支援	228	3.6
粗飼料生産基盤拡充	182	2.9
家畜入植資金	182	2.9
去勢奨励金	158	2.5
酪農振興会運営支援	137	2.2
等級判定事業	118	1.9
家畜系列化	88	1.4
畜産関連大会など	41	0.7
競走馬生産事業	28	0.4
専門投資組合出資支援	25	0.4
直売買取事業	24	0.4
子牛生産団地事業	24	0.4
農協の繁殖牛牧場	12	0.2
卸売市場施設	11	0.2
合計	6,299	100.0

資料：農水畜産新聞「畜産年鑑2003」より作成。

である。2002年当時の予算執行の特徴は、韓牛多産奨励金、去勢奨励金といった非常に個別的で具体的なところに大きな金額が予算として執行されていることである。当時は韓牛の生産基盤が大きく崩れて、零細農家のリタイアが急速に進む時期と重なっており、個別農家の経営安定を図る一方、肉質高級化を目指す時期でもあって、支出の目的がはっきりしていた。

　2008年度の支出金額に戻って、流通構造改善事業の支出を見ると、約4,309億ウォンが支出されており、全体支出額の6割を占めている。次に畜産物需給安定に950億ウォンが支出され、全体の13.3％を占めている。2002年には同政策に1,952億ウォン（全体の31％）が支出されており、支出の内容からみて、韓国の畜産物政策は価格安定政策から流通改善事業にシフトしていることが分かる。

第6章　韓国における肉牛・原乳の需給構造

以下では流通改善事業を中心として具体的な支出内容について検討する。

2）畜産物流通改善事業

　1980年代半ばまで韓国の肉牛（ほとんど韓牛肉）供給はほとんど国産牛によって賄われていた。しかし、牛肉の輸入自由化をめぐるガット農業交渉が1986年9月に開始され、韓国はガット農業交渉の重点を米に置いたことから、1993年12月に、2001年からの牛肉輸入自由化が決定されるに至った。これを受けて、当時の肉牛生産の状況から生き残りが至急の課題となり、急速な再編が起きた。まず肉牛の競争力の強化という名目で様々な事業が策定された。事業内容は大きく区分すると飼育施設の近代化、畜産団地助成、家畜系列化による流通近代化の3点である。当初の肉牛対策は2004年の国内自給率30％を想定して策定されており、国内生産の縮小を前提に取り急ぎ流通改善事業が緊急の課題として想定され、予算などの集中的な支援を受けることとなった。

　1994年より畜産物総合処理場構想（近代的なと畜・加工施設「LPC[3]（Livestock Processing Center）」）が提唱され、建設が急速に進められ2001年まで9カ所の建設が終了した。

　畜産物総合処理場構想とは、あくまで大規模農家層による選択的拡大と、それに基づいて肉牛流通を改善することを目指しており、流通主体として資本の参入を促進することを狙いとして据えていた。いわゆる資本によるインテグレーションの構築が目的であったと言える。この計画は近代的装備を備えた畜産物総合処理場でと畜から部分肉、加工まで近代的輸送システムによって流通されることが目的であり、運営主体としては、主に生産者団体と食品ブランドを保有している企業が見込まれていた。最終的な事業の狙いは運営主体による農家の系列化を推進することであった[4]。これは競争力の強化を

3　一般のと畜場とは違い、と畜施設はもちろんのこと、部分肉加工まで行えるような加工施設を併設した近代的と畜施設を指す。
4　当時の詳しい政策転換については拙著「韓国における肉牛・牛肉流通の変化に関する一考察」『農業市場研究』日本農業市場学会、1997年、を参照。

名目に限定された牛肉ブランド化を進めることを目的としていた。しかし2003年時点で商標登録されたブランド牛肉・豚肉の数は428件（未登録を含むと700件）および、こうしたブランドについて内実を伴うブランド肉の育成に乗り出した。そのために、2006年までのブランド生産農家（組織）を対象とし、80組織（牛・豚に限る）を選定し、品質高級化、均質化、ブランド力の向上に2004年単年度だけで経営資金932億ウォンを支援する一方、事業推進実績を審査し優秀な経営体には300億ウォンの無利子経営資金を支援する「畜産物ブランド育成推進計画」が実施された。とくに豚の場合、輸出促進を狙って様々な支援を複合的に実施した。当初の計画では韓牛の場合2005年29％→2010年42％→2013年50％まで統一的なブランド経営体の育成を目標と設定し、豚の場合2005年47％→2010年62％→2013年に70％を目的とした[5]。

しかし2006年時点で農協の共販場[6]を含む「LPC」のと畜割合は30％台（図6-1参照）に止まっており、その数値は単純にと畜頭数に占める割合に過ぎず、組織率を反映していないので、実際のブランド経営体による実績ははるかに低いと考える。養豚や養鶏を除いて肉牛・酪農部門への外部資本参加は思うとおりに進まず、当初の計画は頓挫したと言われている。

しかしながら2009年の予算執行状況を見ると、1994年当時の計画がそのまま踏襲されており、予算支出をみてもと畜加工業者への支援やブランド経営体の育成、またそれに伴う経営費支援（飼料費補填）に流通改善事業費の9割を充てている。畜産政策は、一層の選択と集中が強調された形で進められている。

5 　韓国農林部「畜産物ブランド長期発展計画」2006年2月。
6 　共販場とは農協の敷地内に併設した簡易セリ場から出発しており、園芸の場合はまだ簡易セリ場として機能している。畜産の場合、大都市における共販場はと畜場を併設し、電子セリ（枝肉形態）を導入するなど、日本で言う卸売市場の役割を果たしている。

第6章　韓国における肉牛・原乳の需給構造

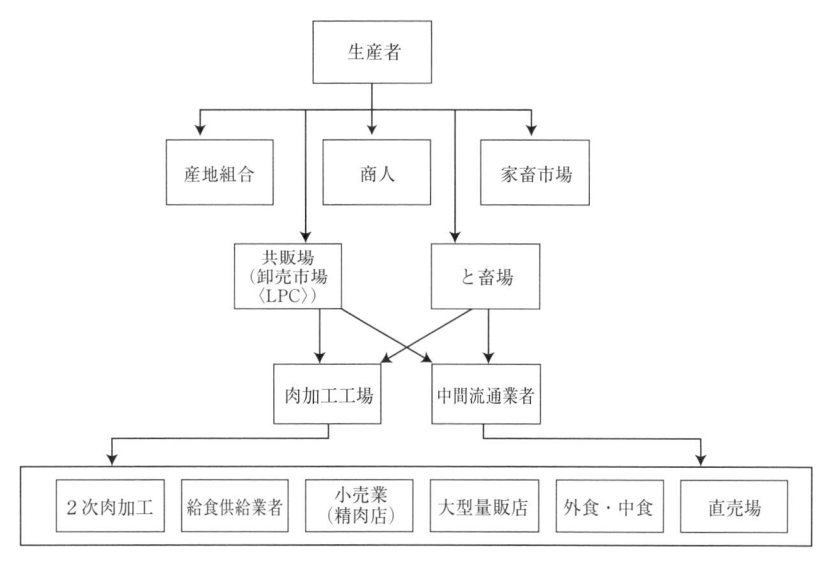

```
                    ┌─────────┐
                    │ 生産者  │
                    └────┬────┘
         ┌───────────────┼───────────────┐
         ▼               ▼               ▼
    ┌────────┐      ┌────────┐      ┌────────┐
    │産地組合│      │ 商人   │      │家畜市場│
    └────┬───┘      └────┬───┘      └────┬───┘
         └───────────────┼───────────────┘
              ┌──────────┴──────────┐
              ▼                     ▼
         ┌─────────┐           ┌─────────┐
         │共販場   │           │         │
         │(卸売市場│           │ と畜場  │
         │ 〈LPC〉)│           │         │
         └────┬────┘           └────┬────┘
              │  ╲             ╱    │
              │   ╲           ╱     │
              ▼    ╲         ╱      ▼
         ┌─────────┐         ┌──────────────┐
         │肉加工工場│         │中間流通業者  │
         └────┬────┘         └──────┬───────┘
```

| 2次肉加工 | 給食供給業者 | 小売業
(精肉店) | 大型量販店 | 外食・中食 | 直売場 |

図6-1　牛肉の流通経路
資料：韓国農林部「家畜流通調査および改善方案」2006年より作成。

3）需給安定政策

　流通改善事業に次ぐ、2番目の予算規模を持つ畜産物需給および価格安定政策の支出先は酪農部門が大きな割合を占めている。需給および価格安定の予算950億ウォンのうち、実質的に原乳需給調整に使われた支出額は243億ウォンであったが、学校給食用として供給される牛乳の場合も予算がついており、実質的に原乳需給調整の範疇であるため、この2つを合わせれば、420億ウォンとなる。畜産物需給や価格安定予算の44.2％を占めることとなる。

　同部門への他の畜産物の支出額をすべて合わせても酪農の半分にも満たない。如何に酪農部門に比重が置かれていることがわかる（182億ウォン/420億ウォン）。また子牛生産安定のために、132億ウォンが支出された。支出の内容としては、たとえば価格暴落が大きかった年の繁殖農家に1頭いくらの補填が行われる仕組みである。例えば2009年1月から3月まで育成牛（乳牛）の価格暴落によって1頭当たり10万ウォンの補填を行っている。

その他、特徴的なことは畜産物自助事業がある。この制度は2000年から畜産団体の要望によって実施されている制度である。制度の目的は畜産物団体が独自に畜産業の発展のための様々な取り組みを行うために一定の金額を畜産農家自ら拠出し、それに政府も一定の補助を行う仕組みとなっている。最近では畜産物の消費促進などに使われている。2009年には198億ウォンの予算が支出されたのに対し、農家の拠出金は205億ウォンであった。基本的には農家拠出金と同じ額を政府から補填する形を取っている。

　韓牛、養豚、酪農は自助事業への参加が義務化されており、と畜する際、韓牛は1頭当たり2万ウォン、養豚は1頭当たり600ウォン、原乳は1ℓ当たり2ウォンが取られる。他の畜種の参加は任意である。2008年の拠出状況を見ると、韓牛81億ウォン、養豚78億ウォン、酪農41億ウォンとなっており、農家拠出金205億ウォンのうち、97.5％を占めており、実施的に自助事業はこの3つの畜種によって成り立っている。

4）畜産物技術普及（改良事業）

　FTAなどの輸入自由化によって一番懸念されていた肉牛（韓牛）部門については輸入牛肉との競争力を高めるために、主に肉質の改良事業に集中的に投資され2001年の牛肉輸入自由化の対抗策として「多産奨励金制度[7]」を設け、3～4産の場合、20万ウォンが支給され、5産以上の場合は30万ウォンが支給された。さらに肉質改良のために、去勢肥育牛の奨励金として20万ウォンが支給されるとともに、「優秀畜生産報奨金制度」を設け、97年度より上質な格付け牛肉に奨励金が支給された。2001年より最高の品質の格付けに対しては15万ウォン、その下の格付けには10万ウォンが支給されている。これらの政策の狙いは、実質的に零細な肥育農家や繁殖農家に比べ、一定の規

7　この制度の一番の狙いは肉牛価格が下落すると、最初に繁殖雌牛の大量と畜が起きることになりやすいが、なるべく繁殖雌牛を残したいという政府の意向によって制度化された。しかし子牛価格が上昇すればその政策的意義がいつも問われることとなり、廃止に追い込まれたが、2008年4月に米国産牛肉の輸入再開を契機に策定された「畜産業発展対策」において改めて復活することとなった。

第 6 章　韓国における肉牛・原乳の需給構造

模層の肥育農家が多くの恩恵を受ける仕組みとなっている。さらに近年、韓牛の価格上昇に伴い、多産奨励金は2003年末に終了し、品質向上を目的に支給されている去勢奨励金についても、2003年6月まで終了し、2004年より品質高級化奨励金に転換した。その後、畜産発展計画が変更されるたびに復活や廃止を繰り返しながら存続していたが、2009年には5〜6産の場合20万ウォン、7産以上の場合30万ウォンと、以前に比べハードルを高めて実施された。一方、ブランド経営体の繁殖雌牛のうち多産牛2,000頭と候補群の繁殖雌牛1,500頭を選定し、奨励金の支払いを行っており、政策の中心はブランド経営体に絞られ専業的な肥育農家だけに限定された形で進められる見込みである。2008年の予算支出を見ると、技術普及に312億ウォンが支出されており、そのうち、家畜改良（種畜施設現代化含む）に283億ウォンが支出されている。依然として輸入牛肉との競合を睨み家畜改良に力を入れていると言える。ただしこれらの状況を勘案すると、韓国の畜産政策は極めて一過性の性格を有しているものであると言えよう。

2．牛肉の需給構造

1）生産状況

　肉牛生産の飼養頭数における年度別推移を見ると、1980年の139万頭から1996年には284万頭まで増加したが、97年の経済危機および2001年の牛肉自由化によって2002年には141万頭にまで減少し、1970年代の水準まで後退した。これと相まって飼養農家戸数も1995年以降、急速に減少し、1995年の51万戸から2002年には21万戸にまで減少している（図6-2）。
　その後、飼養頭数はアメリカ牛肉のBSE問題などにより輸入がストップし、国内産牛肉への需要が高まり2005年から急速な増加をみせ、200万台へと回復した。さらにその勢いはとどまらず、2009年には260万台まで回復し、1996年の284万台に次ぐ飼養頭数となっている。これに対し、飼養戸数の減少は急速に進展し、2009年には17万4,637戸となっているものの2002年に比

153

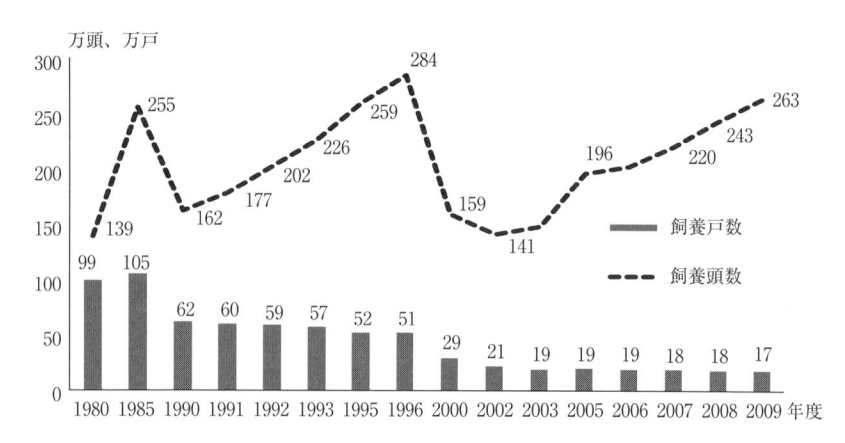

図6-2 肉牛の飼養頭数・戸数の推移

資料：韓国農林水産部「農林水産主要統計」各年度より作成。

べると3万7,690戸が減少した。冒頭でも指摘したとおり、畜産政策そのものが非常に一過性の性格を有しており、問題が起きる度に、需給調整などの価格政策のみを実施したため、生産の増減を繰り返す生産構造となっていた。さらに畜産政策そのものが、大規模畜産農家への政策的支援に限定されていたため、零細農家のリタイアが急速に進んだ影響とも言える。

このように急速な飼養戸数の減少に伴い1戸当たり飼養頭数は1990年の約2.6頭から2002年には6.7頭、2009年には12.4頭まで増加した。このような規模拡大によって2000年時点の50頭以上を飼養している専業農家戸数は4,000戸（3.9％）に過ぎなかったが、2009年には9,800戸（5.7％）まで倍以上増加した。さらにこれら大規模畜産農家層が飼養している割合は2000年の24.5％から2009年に42.8％までシェアを伸ばした（**表6-3**参照）。一見すると、構造政策が成功し大規模専業農家経営が成立したかに見える。しかしまだ20頭未満の農家層は、2009年時点で83.4％と圧倒的に多くを占めていることに注目する必要がある。

このように両極分化が進行したかに見えるが、その背景には政策的支援に格差を付け、比較的に大規模畜産農家層を優遇する政策を行ったことも大き

第 6 章　韓国における肉牛・原乳の需給構造

表6-3　韓牛の規模別飼育戸数と頭数

年度	区 分	1～5頭未満	5～20頭未満	20～50頭未満	50頭以上		合計
1985	戸数(戸)	947,900	94,660	4,052	961		1,047,573
	構成比(%)	90.5	9	0.4	0.1		100
	頭数(頭)	1,640,775	699,381	116,041	97,252		2,553,449
	構成比(%)	64.3	27.4	4.5	3.8		100
1990	戸数(戸)	553,741	61,055	4,514	956		620,266
	構成比(%)	89.3	9.8	0.7	0.2		100
	頭数(頭)	898,484	503,349	131,319	88,502		1,621,654
	構成比(%)	55.4	31	8.1	5.5		100
1994	戸数(戸)	404,188	119,038	15,175	2,003		540,404
	構成比(%)	74.8	22	2.8	0.4		100
	頭数(頭)	799,933	995,066	423,782	173,779		2,392,560
	構成比(%)	33.4	41.6	17.7	7.3		100
2000	戸数(千戸)	274.3		11.4	4		290
	構成比(%)	94.6		10.6	3.9		100
	頭数(千頭)	858		334	398		1,590
	構成比(%)	54.0		21.0	24.5		100
		20頭未満	20～50頭未満	50～100頭	100頭以上	合計
2005	戸数(千戸)	169.3	13.5	3.7	1.2	187.7
	構成比(%)	90.2	7.2	2	0.6	100
	頭数(千頭)	745	410	251	227	1,633
	構成比(%)	45.6	25.1	15.4	13.9	100
2009	戸数(千戸)	144.6	18.9	6.7	3.1	173.3
	構成比(%)	83.4	10.9	3.9	1.8	100
	頭数(千頭)	756	572	452	541	2,321
	構成比(%)	32.6	24.7	19.5	23.3	100

資料：韓国農林水産部「農林水産主要統計」各年度より作成。

表6-4　規模別階層の肥育牛の生産費および純所得

千円/600kg

	20頭未満	20～49頭	50～99頭	100頭以上
生産費	595	550	465	530
純所得	-928	197	1422	650

資料：農水畜産新聞『畜産年鑑2009』2010年より作成。

な要因である。しかし表6-4に示されているように、規模拡大に応じて生産費が減少するはずが、肥育の場合はむしろ50～99頭規模の方が生産費が最も低く、純所得も高い。100頭以上の規模層になればむしろ生産費は高くなり、純所得も下がっている。大規模農家層の増加が必ずしも内実を伴っているとは言えない状況である。

今後、何らかの形でこれまでより急速な価格変動が起き、20頭未満の農家

が大量にリタイアする場合、今の水準の牛肉供給はほとんど不可能になる可能性が高い。それは現に2009年時点で牛肉価格好調により飼養頭数は2006年記録した最高頭数である284万頭に迫る勢いであり、2010年末に発生した口蹄疫発生の影響も重なって、急激な生産調整が起きている。その意味で両極分化は資本主義的大規模専業農家の出現とそれによる国内農業の維持という明るい展望より、零細農家の大量リタイアで国内牛肉の供給不安を起こす可能性が高くなっている。限定された政策支援による一部大規模農家層の量的膨張に目を奪われ、依然として小農的範疇に止まっている肉牛生産を度外視し続けた韓国政府の対応は非常に大きな犠牲を招くことが確実となった。

2）牛肉供給と価格形成

表6-5は肉類消費量の年度別推移を示しているが、2008年時点での1人当たり肉類消費量は35.6kgであり、そのうち、牛肉が7.5kg、豚肉が19.1kg、鶏肉が9kgとなっている。肉類の消費は2002年まで順調に増加し、1990～2002年の肉類消費量の増加率を見ると、19.9kgから33.7kgへ増加し、そのうち牛

表6-5 肉類消費量の推移

(単位：kg/人)

年度	肉類			
	計	牛肉	豚肉	鶏肉
1990	19.9	4.1	11.8	4.0
1995	27.4	6.7	14.8	6.0
1996	28.8	7.1	15.4	6.3
1997	29.3	7.9	15.3	6.1
1998	28.1	7.4	15.1	5.6
1999	30.5	8.4	16.1	6.0
2000	31.9	8.5	16.5	6.9
2001	32.2	8.1	16.8	7.4
2002	33.7	8.5	17	8.2
2003	33.3	8.1	17.3	7.9
2004	31.3	6.8	17.9	6.6
2005	31.9	6.6	17.8	7.5
2006	33.5	6.8	18.1	8.6
2007	35.4	7.6	19.2	8.6
2008	35.6	7.5	19.1	9.0

資料：韓国農林水産部「農林水産主要統計」各年度より作成。

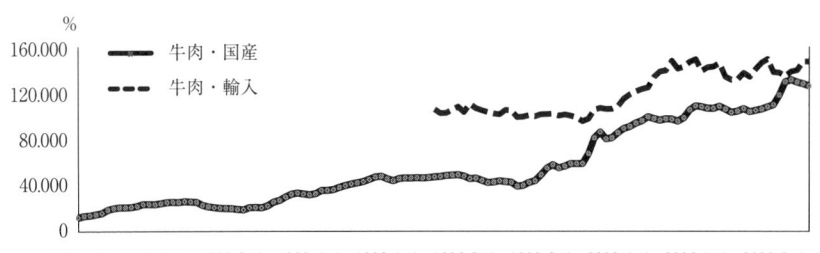

第6章　韓国における肉牛・原乳の需給構造

図6-3　消費者物価指数（2005年＝100）
資料：韓国統計庁「消費者物価指数」

肉の増加率が最も大きく、107.3％（4.1kg→8.5kg）であった。続いて鶏肉が105％（4kg→8.2kg）、豚肉が44.1％（11.8kg→17kg）であった。

この時期（1990～2002年）は肉牛生産が増加する時期と一致しており、**図6-3**の消費者物価指数を見ても価格は比較的に安定していたといえよう。また1990年代に入ってからは輸入牛肉が国産牛肉供給の不安定性を補う形で急速に伸ばしており、牛肉全体の供給や消費者価格は比較的に安定した時期でもある。またアジア通貨危機（1997年）以降、韓国ウォンの暴落によって為替レートが不利になったうえ、飼料価格が高騰したにも関わらず国内の肉牛のと畜が急速に進み（**図6-4、5**）、国産牛肉が安くなるという問題が噴出した。しかしむしろ供給過剰による牛肉価格低下によって消費はあまり影響を受けなった。その後、2001～2002年になってようやくと畜が落ち着いたが、国産の供給は大きく後退し、牛肉自給率は初めて5割を切る事態を招いた（**表6-6を参照**）。国産牛肉の供給量は1998年の260万トンをピークとし、2001年には164万トン、2003年には141万トンまで急激に減少し、輸入はそれに合わせて1998年には85万トンから2003年には293万トンまで3倍以上膨れ上がった。しかしあまりの国産牛肉の供給減少によって今度は価格高騰を招き、牛肉消費は大きく低下した（**表6-5**）。

2002年対比2008年の肉類消費量が、全体でわずか5.6％しか増加しなかっ

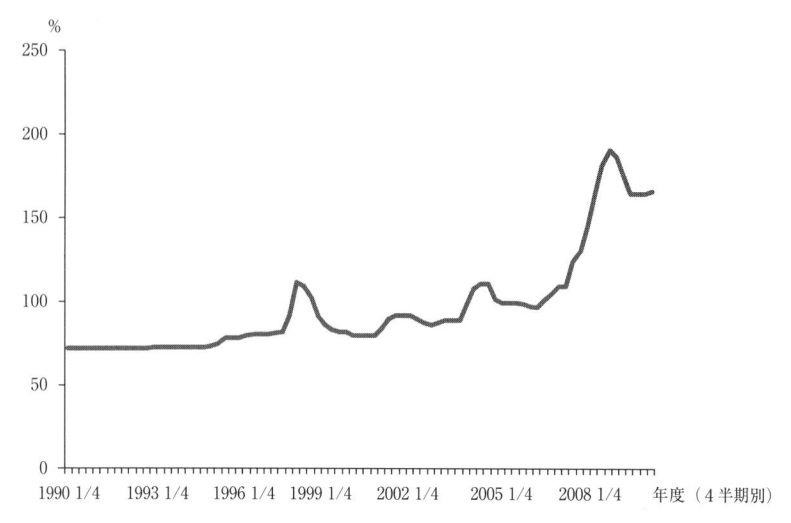

図6-4 農家購入飼料価格指数（飼料価格2005年＝100）
資料：韓国農林部農漁業統計課「農家販売および購入価格調査」

表6-6 牛肉需給の推移

（単位：千トン、％）

年度	需要	供給		自給率
		国産	輸入	
1965	27.3	27.3	−	100.0
1975	70.3	70.3	−	100.0
1980	100.0	93.1	6.9	93.1
1985	120.4	115.7	4.7	96.1
1990	180.6	94.8	85.8	52.5
1995	301.0	155.0	146.0	51.2
1996	322.9	173.7	149.2	53.8
1997	361.8	227.7	134.2	62.9
1998	345.4	260.0	85.4	75.4
1999	392.7	239.7	152.9	61.0
2000	402.4	214.1	190.0	52.8
2001	384.1	164.4	252.4	42.3
2003	490.2	141.6	293.6	36.3
2004	377.6	144.9	132.9	44.2
2005	344.9	152.4	142.6	48.1
2006	360.2	156.0	176.2	47.2
2007	409	171	203	46.4
2008	455	191	224	46.6

資料：韓国農林水産部「農林水産主要統計」各年度より作成。

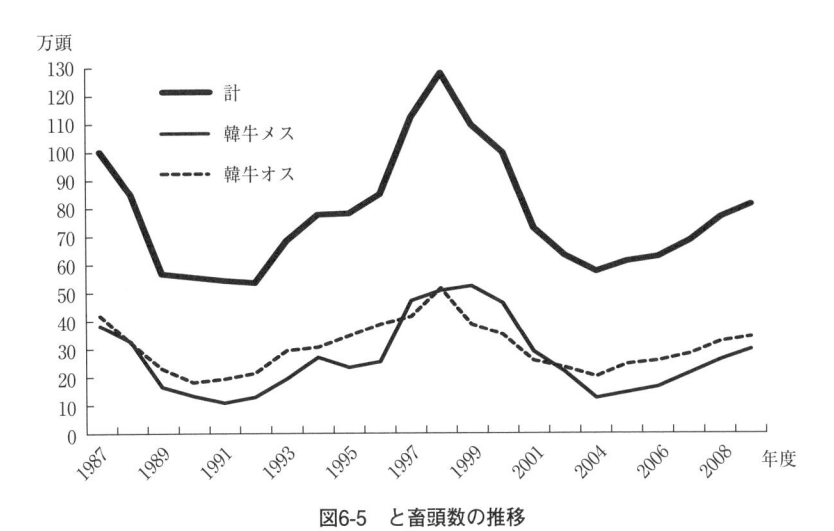

第6章　韓国における肉牛・原乳の需給構造

図6-5　と畜頭数の推移
資料：農林水産部「農林水産主要統計」各年度より作成。

たのは牛肉消費の低下によるものである。牛肉消費は2001年の8.1kgから2008年には7.5kgまで下がるほどである。第2章で考察した韓・米FTAの国民世論の変化はこのような経済状況にその背景がある。

　以上で考察した韓国の牛肉供給の不安定性のメカニズムを簡単に説明すると、価格低下→過剰なと畜（零細農家は繁殖農家がほとんどであり、まず繁殖雌牛のと畜が進む）→一時的供給過剰→価格低下→さらなると畜→さらなる価格低下という悪循環が起こる。さらにこの悪循環のサイクルからようやく抜け出した後にも、今回は全体的な牛肉供給不足によって価格高騰が起き、消費が萎縮してしまう結果を招くこととなった[8]。

　肉牛の価格高騰と低下のサイクルは**図6-6**の生産者販売価格指数（2005年=100）を見れば一目瞭然であるが、ここまで何の対策を講じず、むしろ自

8　肉牛（牛肉）にはほぼ一定の周期とする価格変動による生産の増減サイクルが存在するが、それをビーフサイクルと呼んでいる。日本では7年周期と言われているが、日本に比べ肥育期間が短い韓国では5年周期でビーフサイクルが確認できる。

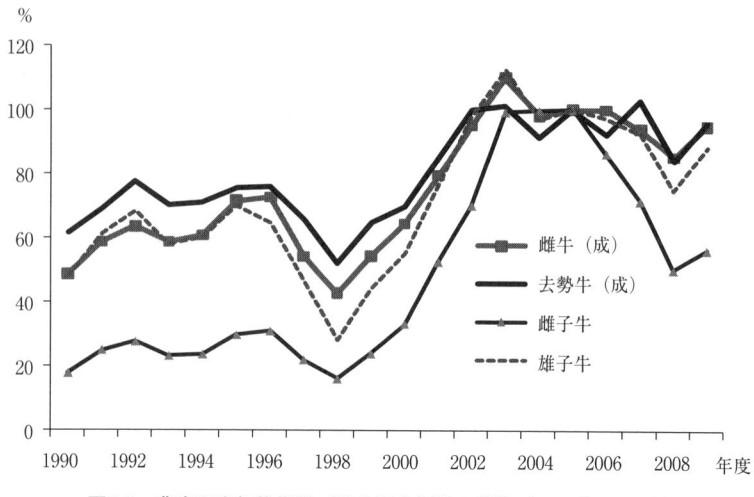

図6-6　農家販売価格指数（韓牛販売価格の推移〈2005年＝100〉）
資料：韓国農林部農漁業統計課「農家販売および購入価格調査」

家と畜[9]まで認め、生産基盤を崩壊させた政府の対応のまずさだけが浮き彫りとなった。結果的に2004～2006年には1人当たり6kg台後半まで消費が落ち、2007年にやっと7.6kgまで回復したが、未だ1990年代の水準に留まっている。

1997年のアジア通貨危機による急速なと畜頭数の増加から、2000年前半には低位安定に推移してきたが、2005年よりと畜頭数が増加している（図6-5）[10]。

2008年時点での飼養頭数は2000年初頭の畜産危機以前の最高頭数約284万頭に迫る263万頭まで増加したことに加え、近年飼料価格が高騰しており、その影響で経営的に苦しい農家が続出している。またと畜頭数の増加→価格低下→さらなると畜へと突入する可能性が高い。そこには肉牛生産基盤の脆

9　当時価格低下によって零細農家のリタイアが進むにつれと畜処理が追いつかず、特例で自家と畜を推し進めた経緯がある。
10　ちょうどビーフサイクルの周期に当たるが、2010年12月に発生した口蹄疫によって数百万頭が殺処分されることとなり、今後、供給不足に陥る可能性が高い。

第6章　韓国における肉牛・原乳の需給構造

表6-7　牛肉輸入量の年度別推移（検疫基準）

単位：千トン、％

年度	米国		豪州		ニュージーランド		計
	千トン	％	千トン	％	千トン	％	
2004	−	−	86	65	46	35	133
2005	−	−	101	71	39	27	143
2006	−	−	137	76	40	22	179
2007	15	7	148	73	38	19	203
2008	53	24	130	58	37	17	224
2009	50	25	117	59	30	15	198

資料：韓国農林水産部「農林水産主要統計」各年度より作成。

弱性を指摘せざるを得ない。それは2008年4月より条件付き[11]で米国産牛肉の輸入が再開された以降の国内動向を見ても明らかである。米国産牛の牛肉輸入再開によって2008年の牛肉輸入量は07年より10.3％増加した22万4,000トンとなった（**表6-7**）。

　輸入増加の影響は早速韓国内の肉牛生産の低下やと畜頭数の増加を促進し、消費者牛肉価格に影響を与え、2008年の牛肉価格の低下が起きた（**図6-3、5、6**から確認できる）。その後、2009年からは生産から流通の流れを確認できる「トレーサビリティ」が6月から施行されることや、米国産牛肉への不信感が拭い去れず輸入量は2008年より11.7％減少した19万8,000トンに止まったため、産地価格は一斉に回復基調に転換した。単年度の輸入増加によって直ちに国内の価格が大きく影響を受けるほど韓国の肉牛生産基盤は極めて弱いのである。

3．流通政策の転換と流通構造

1）流通政策への転換

　韓国における肉牛政策は地域農業の複合化や農家経済の副次的収入源の確保ということで実施されてきたが、所得向上による牛肉への需要が高まるに

---

[11] 30カ月未満の牛肉に限定され、牛海綿状脳症（BSE）の危険物質の完全除去が輸入再開の前提となった。

表6-8　牛肉格付け制度の等級基準

	1++	1+	1	2	3
A	1++A	1+A	1A	2A	3A
B	1++B	1++B	1+B	2B	3B
C	1++C	1++C	1+C	2C	3C

資料：著者作成

つれ、物価安定を最優先とした施策を繰り返した。生産過剰によって価格が低下すれば、政府主導により繁殖メス牛の食いつぶしが度々行われた。その結果、飼養頭数は減少し、牛肉価格が上昇すれば、また外国から牛肉を輸入するという単調な事後対応しか講じてこなかった。

1988年においても、価格の上昇の兆しが見えると、すぐに牛肉輸入は開始される一方、1991年に廃止された「牛肉価格制度」は行政指導価格という名目で小売店の価格を統制しており、消費者物価の抑制的側面が強かったといえる。長い間、公正的価格形成に大きな阻害要因となった。

また、これは農家の生産意欲を低下させ、韓牛の改良事業や生産の拡大を遅らせた大きな要因でもあった。その後、消費者段階での牛肉に対するニーズの多様化や輸入自由化の決定から、国内肉牛質の改善が強く要求された。また大規模農家の出現により、流通構造全般の改善が容易となり、格付制度および部位別価格制度を創設し流通改善政策は本格的に実施されることとなった。格付制度は、部位別価格制度の実施に合わせ1992年からソウルに限定した形で開始された。この格付制度はその後、何回かの改定を経て、現在は牛肉を肉質・肉量に分けそれぞれ5等級（1++、1+、1、2、3）、3等級（A、B、C）に分類、評価することとしている（表6-8）。最も価格が良いのは1++A、最も悪いのは3Cで全体的に15等級[12]に区分される。

2）流通機構の再編

前掲の図6-1は韓国における肉牛・牛肉の流通体系を示している。韓国に

12　日本の格付け制度を真似ており、日本の制度とほとんど類似している。また格付けにはDの等級外の規格もあるが、2010年の実績では全体で0.8％に過ぎない。

おける肉牛流通は大きく農業協同組合（以下農協と省略する）による系統出荷と家畜商人による流通に区別される。主な流通経路は商人および小売店主導によるもので、その経路は農家（家畜市場）→産地収集商→と畜場および卸売市場（共販場）→中間流通業者・小売店→消費者となっている。このような商人主導の流通に対して、系統出荷が長い間、メリットを発揮できずにいた。1990年代に入り、政府による流通機構の改善政策により上々に成果が見られるようになった。2006年の牛肉流通経路を見ると、産地流通においては依然として産地商人は力を保持しつつ（産地市場シェア40.1％）、また消費段階の精肉店は大きな力を持っている（消費市場シェア62.8％）。しかし以前に比べ、産地組合→卸売市場による生産者主導の流通が定着しつつある（産地組合の市場シェアは29.7％）[13]。一方で小売り段階においても直売所（消費市場シェア8.8％）や大型量販店（8.4％）の進出が目立つようになった[14]。

　その背景には格付制度導入や卸売市場などの物的流通基盤の整備が行われ、産地組合を主体とした卸売市場経由の流通が確立されつつあることを意味する。農協運営による5カ所の卸売市場のうち、4カ所が1992年以降に設立されたことを見ても如何に流通対策が遅れたかが分かる。同時に肉質の改善や卸売市場を拠点とする農協の系統出荷を促進するため、格付成績による支援金支給制度が設けられたこともこのような新たな変化をもたらした要因と言えよう。

　格付け制度の実施以降、どのような変化を見せているかを示したのが表6-9である。高い価格で売られる上物に該当する1等級以上の格付成績は1994年度の10.2％から2008年には54％までに増加するなど、肉質は思ったより早く改善されている。このような格付け制度の急速な普及は肉質の改善を可能とし、1997年12月から既存の格付制度が見直され、「1+」が、2004年に

13　農水畜産新聞『畜産年鑑2003』、p.125によると、産地組合（農協）の産地市場シェアは19.3％、商人のそれは61.4％となっている（調査時期は不明であるが、2000年頃のデータであると考える）。

14　農水畜産新聞『畜産年鑑2003』、p.125の説明によれば今後直売所および大型量販店の流通シェアは伸びるだろうとの予測がなされていた。

表6-9　格付け政策の変化

単位：頭、％

年度	一等級以上	等外	生体重	格付率
1994	10.2	7	466	8.9
1995	11.2	3.7	485	22.6
1996	17	2.8	511	58.9
1997	17.9	2.7	506	89.1
1998	18.8	1.8	516	94.0
1999	18.8	−	−	96.5
2000	24.8	−	−	−
2001	29.8	−	−	−
2002	35.2	−	−	−
2003	33.3	−	−	−
2004	35.9	−	−	−
2005	47.9	−	−	−
2006	44.5	−	−	−
2007	50.9	−	−	−
2008	54	−	617	−

資料：韓国畜産物品質評価院の資料より作成。

表6-10　格付け別（肉質）価格格差の推移

単位：ウォン/kg

	1998年		2005年		2009年	
1++	−	−	16,204	100％	19,356	100％
1+	8,399	100％	15,318	94.5％	17,793	91.9％
1	8,062	96.0％	14,581	90.0％	16,539	85.4％
2	7,528	89.6％	13,592	83.9％	14,505	74.9％
3	6,335	75.4％	12,173	75.1％	11,229	58.0％

資料：韓国畜産物品質評価院の資料より作成。

は「1++」の最上等級を付け加えることとなった。また格付率を見ると1994年度の8.9％から1999年度には96.5％、2002年以降は実質的に100％を達成した。

さらに出荷体重の改善のスピードは速く、1994年の466kgから2008年には617kgと改善されている。さらに長い期間定着しなかった肥育牛の去勢率についても1998年にはわずか8.6％から2009年には71％まで増加しているなど、まだ改善の余地は残しながらも着実に展開している。ブランド肉育成のための諸政策は、肉質改善の側面から見れば大きな成果を挙げてきたと言える。

また格付別価格形成の推移を見ると、表6-10のとおり、格付1++（1998年は1+）の価格を100とした場合、価格格差が大きくなっている。1998年度に

はまだ1++の等級が設定されなかったので最高肉質1+に対し、3の価格は75.4％の水準であったが、2005年時点では75.1％、2009年には58％水準となっており、その価格格差は大きく広がっていることが分かる。

このような現象は2004年以降顕著となっている。BSE問題などによる国産嗜好への傾斜の結果ではあると推測する（図6-7）。さらに格付けごとに価格格差が広がることで濃厚飼料への依存率を高める可能性も否定できない。近年、飼料価格が高騰する中、さらに零細農家のリタイアが急速に増加する可能性が高い。

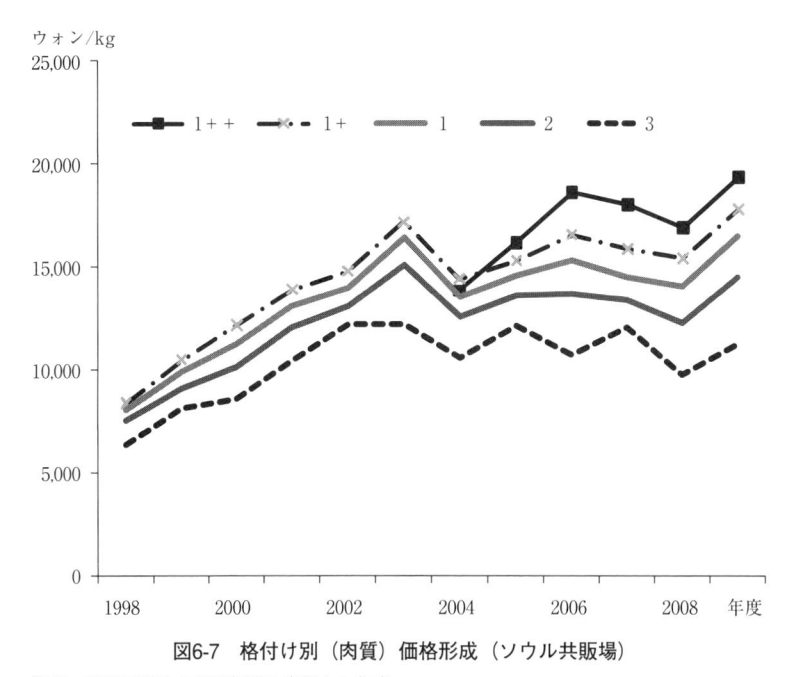

図6-7 格付け別（肉質）価格形成（ソウル共販場）

資料：韓国畜産物品質評価院の資料より作成。

4．酪農生産の転換と原乳の需給構造

1）酪農政策の転換

　韓国の牛乳消費量は1980年の41万トンから1985年に97万トンまで2倍以上増加し、1人当たり消費量においても10.8kgから23.8kgに大きく増加した(**表6-11**)。このような需要の大きな伸びによって、この時期、乳製品の需給問題が噴出するようになった。その一番の理由は集乳主体が多く原乳の調達に様々な問題が起きたからである。なぜなら集乳主体ごとに集乳先を確保するが、集乳先の重複が酷く、このため集乳費用が過多に掛かるという問題があった。

　政府の投資による改善が行った1999年以前の集乳体系を見ると、集乳組合や業者が64を超え、農家から原乳を集乳し、30ヵ所の乳加工業者に配分する

表6-11　牛乳供給量の年度別推移

年度	供給量	消費量		搾乳頭数
		総量	1人当たり	
	トン	トン	kg	頭
1975	160,338	162,435	4.6	32,312
1980	452,327	411,809	10.8	84,114
1985	1,005,811	972,279	23.8	179,532
1990	1,751,758	1,879,044	43.8	272,963
1995	1,998,445	2,145,841	47.5	286,320
1996	2,033,738	2,465,363	54.2	285,600
1997	1,984,023	2,439,919	53.1	282,100
1998	2,027,210	2,286,340	49.4	280,983
1999	2,243,941	2,747,453	58.9	305,980
2000	2,252,804	2,803,248	59.6	285,607
2001	2,338,875	3,026,216	63.9	261,878
2002	2,536,648	3,060,258	64.2	302,215
2003	2,366,214	2,990,342	62.4	278,541
2004	2,255,450	3,074,037	63.9	258,778
2005	2,228,821	3,028,287	62.7	251,121
2006	2,176,340	3,070,140	63.6	241,106
2007	2,187,824	3,054,290	63.0	237,209
2008	2,138,802	2,980,089	61.3	226,774

資料：農林水産部「農林水産主要統計」各年度より作成。

第6章　韓国における肉牛・原乳の需給構造

仕組みだったため、集乳をめぐる過当競争は避けられなかった[15]。もちろんこのような問題を解決すべく新たな法律体系について長く議論されていたが、実を結ぶまでには長い時間を要した。それが1997年7月に改正された「酪農振興法」である。1967年「酪農振興法」制定以来30年ぶりの全面改正であった。

改正の経過について説明すると、1997年7月の臨時国会で「酪農振興法」の改正案が議決されて、8月に公布された。合わせてその運用主体として1998年1月1日に「酪農振興会」がスタートした。

「酪農振興会」の設立目的は、原乳および乳製品需給と自ら計画を作り価格安定化を図ることであった。振興会は「畜産業協同組合中央会」など酪農関連団体によって構成され、次のような業務を遂行するのが目的とされた。その範囲は極めて広く大きな権限を持つ。

(1) 原乳と乳製品の需給計画樹立
(2) 原乳の購入または販売に関する業務
(3) 原乳の品質向上に関する業務
(4) 乳製品の買取、備蓄、放出および輸出入に関する業務
(5) 牛乳・乳製品の消費促進、広報および市場開拓に関する業務
(6) 酪農振興のために必要な業務

に大きく規定され、これに付随して、①乳牛の飼育頭数の見通し、②原乳生産量および乳製品消費量、③集乳組合別原乳生産量、④「食品衛生法」第22条の規定によって許可を受けた乳加工業者または原乳を買おうとする者に対する原乳供給計画、⑤原乳および乳製品需給安定のための事項、⑥その他、原乳および乳製品の需給計画などに関連して農林水産食品部令に決める事項、を義務的に行う必要があるとしている。そのために、政府または地方自治体は酪農振興計画を推進するために必要な事業の一部またはすべてを負担するという内容まで盛り込まれており、事実上の政府の仕事をすべて請け負うような形である。

15　第2章「酪農」、農水畜産新聞『畜産年鑑2003』より引用。

酪農振興会の主な業務としてはまず酪農家との契約に基づいて原乳を購入し、乳加工業者に供給することである。また原乳の検査の公正性を確保するために、既存の乳加工業者の任意的検査を政府・地方自治団体に移転することで、検査結果の信頼性を確保するようにした（検査の共営化）。その結果、2002年度には集乳一元化は急速に進展し、公的機関の検査参加率とともに9割を超える水準にまで至った。しかし牛乳の需給問題は簡単には解決できなかった。1997年198万トンであった原乳生産はそれ以降、増え続けて2002年に254万トンに達した。さらに原乳輸入は2001年に653万トンを記録した。しかし消費は逆に2001年に207万トン、2002年に204万トンに減少した。その結果2002年に50万トンの余剰が発生し、余剰原乳処理のために2002年単年度だけで1,387億ウォンの資金が投入された。「酪農振興会」は牛乳の過剰問題の解決のために、2002年11月に余剰原乳差別価格制度を導入し、一定の量を超える原乳について買取価格を低く抑える実質的な生産調整に入った[16]。しかしこれに反発して2002年にソウル牛乳協同組合が酪農振興会を脱退し（2002年の実績としてソウル牛乳が37.5％を占めている）、2003年には釜山牛乳、済州酪協が続いて脱退し、集乳一元化事業の事業比率は70％から27％に激減した。全国的に集乳業者は酪農振興会、乳加工業者、乳加工協同組合の3社構造となっている。したがって集乳一元化事業は事業以前の状態に戻ってしまった。スタートからわずか5年目で「酪農振興会」の実質的な空中分解であった。

　事態の深刻さから主務官庁である「農林部」と「酪農振興会」は、2002年4月から2カ月間、緊急措置として搾乳牛3万頭淘汰事業を行った。原乳の過剰が続く中、2002年4月22日～6月22日まで1頭当たり20万ウォンの補償金を支給し2万1,167頭を淘汰した（推進実績70.6％、所要費用49億ウォン、前掲**表6-11**を参照）。

16　酪農振興会は2002年10月16日より、2001年7月～2002年6月の期間の生産量の79.4％を基準に基準原乳量の6％の範囲については正常乳価を支給し、6％超過～11％については正常乳価（620ウォン）の70％に当たる434ウォン、17％を超える場合は200ウォン/kgを支給することとした。

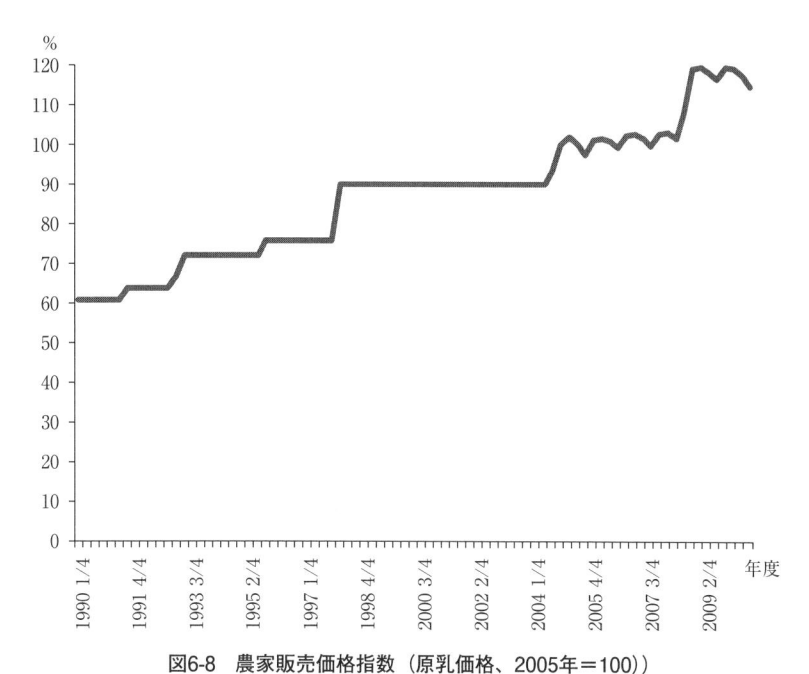

第 6 章　韓国における肉牛・原乳の需給構造

図6-8　農家販売価格指数（原乳価格、2005年＝100））
資料：韓国農林部農漁業統計課「農家販売および購入価格調査」より作成。

　しかしながら在庫の累積が解消されないことから、農林部と酪農振興会は2003年 5 月12日から 6 月 5 日まで生産者の廃業・減産事業を実施し、申請農家には 1 ℓ 当たり10万ウォンと農協から追加で 3 万ウォンを支給することにした。原乳の販売価格指数を見ると1999～2004年まで実質的に販売価格は据え置きにされたことがわかる（図6-8）。
　2004年から販売価格指数が上昇した背景としては飼料価格が前年対比約25％ほど上昇したため、政府との妥協によって2004年 9 月から原乳価格が13％引き上げられた[17]。

---

[17] 当初酪農振興会などの生産者団体からは経営維持のために原乳価格の31％引き上げを主張した。

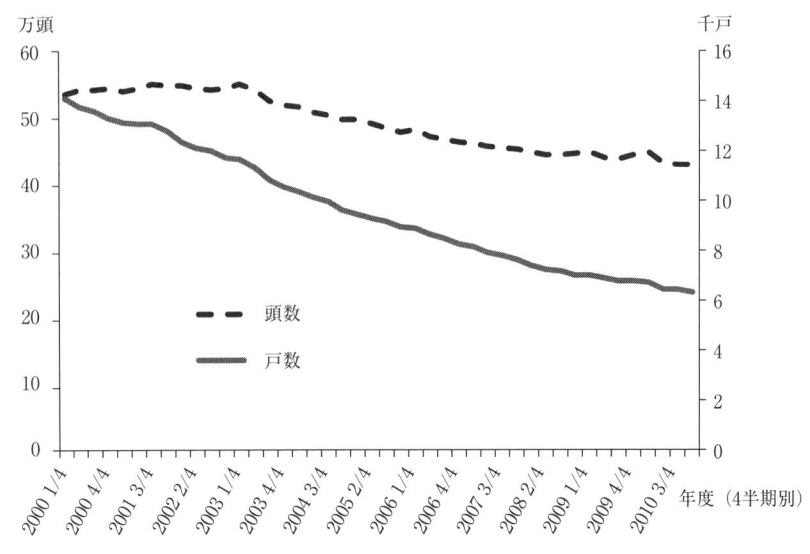

図6-9　酪農農家の戸数・頭数の推移

資料：韓国農林水産部「農林水産主要統計」各年度より作成。

2）生産状況

　乳牛の飼養頭数の推移を見ると、1995年以降、2002年まで53～54万頭を安定的に維持してきた。その背景としては、1998年の原乳価格の引き上げ（前年対比18.4％）、為替レートの安定による飼料価格の低下などにより1頭当たりの収益性の向上、酪農振興会の集乳一元化事業による原乳販路の確保などがあげられる。

　しかし2002年に55万頭をピークに、余剰原乳、輸入製品の増加によって前述したとおり、生産調整が図られ、乳牛頭数は2010年12月時点で43万頭を切り、42万頭台で推移している。それに合わせて農家戸数の減少は急速に進行しており、2002年の1万4,000戸から2010年12月時点で6,300戸まで減少している（図6-9参照）。

　酪農戸数の減少と相まって1戸当たりの飼養規模は年々増加し、2000年には平均41.3頭から2008年には63.7頭に増加し、2010年の12月時点で67.7頭（速

第6章　韓国における肉牛・原乳の需給構造

表6-12　乳牛の規模別飼養頭数の推移

(単位：頭、％)

規模別＼年度	1994	1995	1996	1997	1998	1999	2000	2001	2002	2004	2006	2008
20頭未満	154,743	125,745	93,504	57,172	45,652	34,724	28,273	24,726	18,403	12,347	8,284	3,957
	(28.0)	(22.7)	(17.0)	(10.5)	(8.5)	(6.5)	(5.2)	(4.5)	(3.4)	(2.5)	(1.8)	(0.9)
20～49	319,353	329,281	339,718	318,379	280,757	256,765	231,620	210,513	188,593	140,676	112,641	88,916
	(57.8)	(59.5)	(61.6)	(58.5)	(52.1)	(48.0)	(42.6)	(38.4)	(34.7)	(28.3)	(24.3)	(19.9)
50～99	54,844	71,944	89,304	132,461	173,058	197,366	228,357	250,420	267,038	260,801	249,778	240,782
	(9.9)	(13.0)	(16.2)	(24.3)	(32.1)	(37.0)	(42.0)	(45.7)	(49.1)	(52.4)	(53.8)	(54.0)
100頭以上	23,191	26,497	28,967	36,405	39,446	45,651	55,458	62,517	69,553	83,437	93,353	112,099
	(4.2)	(4.8)	(5.3)	(6.7)	(7.3)	(8.5)	(10.2)	(11.4)	(12.8)	(16.8)	(20.1)	(25.1)
計	552,139	553,467	551,493	544,417	538,913	534,506	543,708	548,176	543,587	497,261	464,056	445,754
1戸平均頭数	21.5	23.5	26.1	31.3	34.4	37.1	41.3	42.7	46.4	51.7	56.2	63.7

資料：農水畜産新聞『畜産年鑑2009』2010年より作成。
注：( ) は構成比。

報) まで増加した。

　とくに50頭以上の階層の増加が顕著となっており、2000年時点で全体の52.2％を占めていたが、2008年には79.1％まで増加した。反面、50頭未満の階層は90年代以降持続的に減少し、同時期に47.8％を占めていたが、2008年には20.8％に大きく減少した。とくに2002年に価格低下による要因から50頭未満階層の減少が顕著である（表6-12）。

3）原乳需給と消費構造

　次に原乳需給の年度別推移を見ることにしたい。1999年以降は集乳一元化に伴う安定的な販路確保によって原乳生産は増加した。1999年に約189万トンだった原乳生産は2000年に228万トン、2001年に234万トンまで急速に増加した。しかし実質的に農家収入に大きな影響を与える牛乳（生乳）消費量は2001年をピークに毎年減少している。その結果、2002年には在庫量がおよそ1.6万トンとなり、前年度より2倍以上増加した（表6-13）。この原因については、酪農振興会による買い取り方法および余剰分に対する差額補填などの対策によって生産を刺激したことが考えられる。2003年以降は前述のとおり、様々な対策によって原乳生産は減少局面に入ったが、牛乳消費量は毎年減少しているため、根本的な解決には至っていない状況である。2008年以降、飼

表6-13　飲用乳の消費実績

（単位：千トン）

年度	飲用乳			在庫
	生乳	加工	計	
1999	1,145	147	1,292	4.3
2000	1,447	224	1,671	12.5
2001	1,465	266	1,731	7.0
2002	1,362	302	1,664	16.1
2004	1,328	452	1,780	6.8
2006	1,343	339	1,682	5.3
2008	1,351	350	1,701	9.6

資料：農水畜産新聞『畜産年鑑2009』2010年より作成。

表6-14　乳製品の製品別消費量

（単位：トン）

年度	発酵乳	チーズ	バター	練乳	粉乳	計
1999	555,410	34,048	2,194	3,331	35,781	630,764
2000	529,154	44,189	4,760	4,067	53,658	635,828
2001	537,716	53,092	5,973	4,135	67,088	668,004
2002	540,352	52,356	6,569	3,750	63,405	666,432
2003	554,565	57,934	7,198	3,834	61,875	685,406
2004	524,222	63,596	7,777	4,098	54,373	654,066
2005	483,021	68,612	8,812	4,267	48,240	612,952
2006	504,321	72,383	7,256	3,823	49,710	637,493
2007	485,326	74,439	8,129	3,911	42,090	613,895
2008	454,723	72,062	6,957	3,909	45,601	583,252

資料：農水畜産新聞『畜産年鑑2009』2010年より作成。

料高騰により乳製品の値上がりが起きているために、消費が劇的に増加することは困難である。

次に製品別消費傾向を見ると、飲用乳の消費と同様に消費の減少が続いている（表6-14）。2003年の68万5,000トンをピークにして、年々減少の一途を辿っており、2008年には58万3,000トンまで減少した。食生活の欧風化によって90年代に年平均数10％の成長をみせた加工品の代表格であるチーズ、バターでさえも最近は、減少傾向である。しかし米国やEUとのFTAにおいてワインに課せられた15％の関税が即時撤廃されることになり、今後さらにワイン需要が増える可能性は大きい。輸入量が8割（消費量およそ7万2,000トンのうち、5万9,000トンが輸入）を占める中、国内原乳の消費促進を兼

ねて、チーズ生産への転換を政策的支援する必要性があると考える。

4）価格形成

表6-15は、乳子牛の産地価格を示しているが、IMF管理体制であった1998、99年に大幅な価格低下が見られた。その後、乳牛の淘汰による飼養頭数が減少し、2000年から順調に価格の回復が見られており、前述のとおり1999年以降原乳価格上昇によって生産が刺激され、搾乳するための後継牛としての雌子牛の価格が大きく上昇した。さらに2002年の3万頭（搾乳牛）と畜にも関わらず、既存の生産体系を維持するための子牛移入は続いたために、2003年以降も価格の下落幅は大きくなかった。2008年以降は前述のとおり、飼料価格高騰に伴う牛乳価格の上昇や消費減少が重なり、雌子牛の価格が暴落した。このため2009年から1～3月まで政府の緊急支援（1頭当たり10万ウォン）が行なわれた[18]。

このように、価格変動の激しさは韓国の畜産部門において度々見られる現

表6-15 乳牛子牛の産地価格の推移

(単位：千ウォン)

年度	子牛（初乳）	
	めす	おす
1996	850	891
1997	681	684
1998	270	247
1999	116	120
2000	284	283
2001	391	360
2002	539	515
2003	423	522
2004	383	407
2005	440	545
2006	377	490
2007	339	461
2008	147	211

資料：農水畜産新聞『畜産年鑑2009』2010年より作成。

18　雄子牛の場合、肉牛として肥育されるために牛肉価格変動に影響を受けるが、2000年以降牛肉価格上昇により高価格を維持している。

象であるが、酪農部門の需給問題は非常に複雑なメカニズムによって発生するために、その有効的な対策が講じられず、安定的な発展を阻害する一番の要因となっている。

5）等級制度による品質改善

原乳の衛生状態によって価格格差をつける等級制度が導入されたのは1993年度以降である。また2002年7月1日より計量単位がkgからℓに変更され、体細胞の等級も既存の3等級から5等級に変わった。したがって細菌数は4等級（1級Aの場合、細菌数は3万未満）、体細胞は5等級（1級は20万未満）となった（**表6-16**）。牛肉の格付け制度と同じく、実施時期は大変な遅れをとって開始されたが、短い期間にも関わらず改良のスピードを上げている。

まず乳質について見ると、細菌数基準で2008年に1等級が98％（細菌3万未満の1級Aの場合88.4％、10万以下の1級Bの場合9.4％）に達した。体細胞数基準でも持続的に改善がみられ、1999年には1等級の割合がわずか21.5％に過ぎなかったが、2008年には57.6％にまで増加した。

こうしたことの背景には体系的な検査システムが整備されたことがあるが、それに合わせて改良にも力を入れるようになり、検定比率は1999年の26.4％

表6-16　原乳の検査基準

年度	細菌数（％）						体細胞数（％）				
	1級A	1級B	2級	3級	4級	等外	1級	2級	3級	等外(96年まで)	
										4級	5級
1993	44.7		20.5	13.1	12.3	9.6	26.9	32.2	19.1	21.7	
1994	60.4		18.7	9.9	7.1	4.1	26.7	32.8	22.4	18.1	
1995	66.8		17.7	7.8	5.3	3.1	23.3	33.8	25.2	17.7	
1996	70.8		15.5	6.9	5.0		22.7	44.7	9.9	22.7	
1997	76.1		13.3	5.5	4.9	−	24.4	46.7	28.9	廃止	
1999	84.7		9.6	3.4	2.3	−	21.5	50.0	28.5	−	
2000	87.9		6.4	2.2	1.3	−	21.0	50.9	28.2	−	
2001	92.7		4.7	1.5	1.2	−	21.7	48.7	29.5	−	
2002	78.0	16.0	4	1.2	0.8	−	25.7	42.0	21.8	6.5	
2004	83.1	12.8	2.9	0.4	0.4	−	37.2	34.5	15.6	8.5	
2006	86.7	10.7	2	0.5	0.2	−	50.3	33.9	10.9	4.2	0.8
2008	88.4	9.4	1.7	0.4	0.1	−	57.6	30.6	8.5	2.9	0.4

資料：農水畜産新聞『畜産年鑑2009』2010年より作成。

第6章　韓国における肉牛・原乳の需給構造

から2008年時点で60％まで増加した。その結果、乳量は1999年平均7,629kgから2008年には9,598kgに大きく改善したのである[19]。

5．今後の展望

　2001年の牛肉自由化の影響によって、肉牛の生産は大きな打撃を受けた。その対策として政府は「韓牛産業総合対策」を講じ、韓牛生産農家の救済に当たった。その結果、2002年12月時点で若干回復基調ではあるものの根本的な需給安定制度が完備されず、今後このような問題が引き起こる可能性が依然として高い。

　改良の面からは、格付け制度の浸透により、1等級以上の上物も増加しているなど、顕著な変化はみられているが、格付け制度そのものの実施が遅かったため、韓牛の改良には今後かなりの時間を要するものと思われる。これらの理由から肉牛生産を維持するだけでも非常に厳しい状況である。

　酪農部門については肉牛部門同様に、様々な問題が山積しており、膨大な財政支出を行って流通・品質改善政策を講じてきたが、乳加工業者との確執や財政の制限によって、これ以上の改善事業は不可能である。さらに検定事業や検査体制が完備されているとはいえない状況であるため、国内の問題を解決するだけでも相当な時間を要すると思われる。

　乳加工品の中には、今後輸入自由化が予想される品目も多いため、国内自給率はこれ以上に低下すると予想されている。36％の関税が決まったチーズの場合、低率割当て関税物量（TRQ）を置くことは韓・米FTAおよび韓・EU FTAとも同じであるが、韓・米FTAが発効後はチーズのTRQを平均輸入物量の130％とすることにしたのに比べ、EU産は2004～2006年平均輸入物量の100％を基準に関税が撤廃されるまでTRQの物量を毎年3％と増やすことにした。米国産チーズは10年、EU産は15年で関税撤廃となる。いずれにせよ、米国やEUとのFTAによってますます国内生産は縮小することが予想

19　資料：「第2編各論第2章酪農」、農水畜産新聞『畜産年鑑2009』より引用。

される。

[参考・引用文献]
韓国農産物流通公社『主要農産物の流通実態』各年度。
韓国農村経済研究院『農業展望』各年度。
農水畜産新聞『畜産年鑑』各年度。
韓国農産物流通公社『物流標準化の実態』各年度。
韓国農産物流通公社『主要農産物の流通実態』各年度。
農食品新流通研究会『産地流通センターの発展方向』2000年。

第7章
    韓国における養豚・養鶏（卵）の生産と需給構造

　本章は、第6章に引き続き、韓国畜産部門の養豚および養鶏を対象に、ガットUR農業協定以降各国とのFTA締結（チリ、米国、EU）に至るまで大きな変化を見せている豚肉・鶏肉（卵）の生産構造の変化と需給構造の現状を明らかにしたい。
　韓国は2010年にEUと米国とFTAを締結しているが、まず韓・EU FTAによってEU産冷凍バラ肉（三枚肉/関税率25％）の関税を協定発効後10年で撤廃し、他の部位（冷凍）については5年、冷蔵豚肉は関税撤廃期間を10年とすることで合意した。2008年時点で韓国に輸入されるEU産冷凍バラ肉が7割を占めていることを考えればその被害は大きいと予想される。さらにすでに発効中である韓・チリFTAにおいては2014年にはチリ産豚肉の関税撤廃が決まっている。2007年に妥結した韓・米FTAが紆余曲折の中、再交渉の末、2010年に締結されたが、農業部門においては米国産豚肉（冷凍肉、首まわりの肉、骨なしカルビなど）の関税撤廃時期を既存の2014年から2016年に2年延長したことのみで大きな変化はない。
　一方、豚肉の輸入が大きく懸念される中、養豚は韓国畜産部門で最も輸出に特化した畜種でもある。輸出先のほとんどは日本であり、日本市場と強く結びついている。韓国の豚肉の需給構造を把握する上で、対日輸出に至るまでの生産・流通の変遷を概観することは極めて重要である。
　他方で養鶏部門においては鶏卵を除く、2008年時点で鶏肉の主要輸入国は米国（60％）、ブラジル（34％）、デンマーク（4％）の順となっているが、韓・米FTAによって10年で関税撤廃が決まっている。米国から年々鶏肉輸

入が増加する中、韓・米FTAは痛手となった。

　これまで韓国政府は、園芸・養豚部門を輸出品目として選定し、日本市場をターゲットとする品質向上等に積極的に取り組んで来た。最近になって口蹄疫などによって輸出が止まり、その成長力は一時期ほどではなくなっているとの指摘もあり、今後その動向を注視していく必要が十分あると考える。

1. 養豚の需給・消費構造の現状

1) 養豚農家への支援状況

　養豚部門は、他の畜種に比べ系列化（インテグレーション）の比率が高く、個別支援より加工施設・系列主体を中心とした支援がほとんどである。最近は、輸入競争力を高めるための有効な手段として「安全性」が強調され、新しいと畜場・加工施設の建設費用またはその運営資金などに支援が集中している。個別農家への支援はどちらかといえば、系列主体ごとに品質奨励金を設け、品質向上目的に個別農家へ支援がなされている。いわゆる養豚農家への支援は政府より系列主体による経営努力の一環として行われている。しかし過去2000～01年には、規格豚（対日輸出用として肥育される豚）生産の促進のために400億ウォンが支給された実績がある。

　その使途は規格豚生産に取り組んだ場合、1頭当たり、3万～5万ウォンが農家へ直接支払われる仕組みであった。

　最近は口蹄疫が頻繁に発生することから主として防疫全体や糞尿処理、リサイクル資源活用などに予算が主に支出されている。2008年12月から始まった牛肉生産履歴制度は政府予算によって運用されているが、豚肉の場合は予算配分さえされていない状況である。さらに養豚の場合、「養豚協会」を中心とした自助金によって独自の活動を展開していることも他畜種と違うところである。活動資金は第6章で言及したように、生産者自ずから拠出した自助金を財源としている。

第7章　韓国における養豚・養鶏（卵）の生産と需給構造

2）養豚生産の現状

豚の飼養頭数は、2000年に788万頭台から2010年時点で988万頭に増加しているが、**図7-1**を見る限り、肉牛に見られるような激しい生産変動は見られない。

ただし2004年に飼料や原油の高騰により零細農家のリタイアによる全体供給量が減少し、輸入が急増する事態を招いている。こうした中で、**表7-1**で示したように、需要は毎年増えており、前掲**表6-5**のように1人当たり消費量も順調に伸びているため、国内供給で賄えない部分は輸入によって補われる需給構造となっているが、肉牛に見られる過剰生産→価格崩落という大きな悪循環は発生していないように見える。自給率を見ても2003年の9割に比べると、後退しているとはいえ、まだ7割水準を守っている。しかしながら

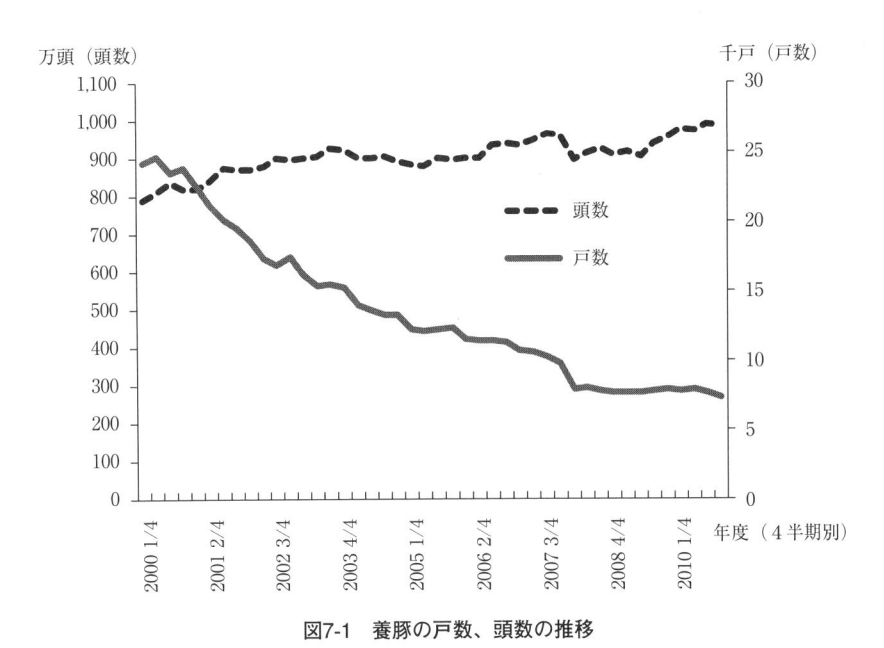

図7-1　養豚の戸数、頭数の推移

資料：韓国農林水産部「農林水産主要統計」各年度より作成。

表7-1 豚肉需給の推移

(単位:トン、%)

年度	需要	消費量 国産	消費量 輸入	自給率
1995	676,056	624,990	36,720	92.4%
2003	861,203	776,064	57,995	90.1%
2004	872,472	744,238	112,444	85.3%
2005	853,217	671,564	161,915	78.7%
2006	886,920	671,145	203,559	75.7%
2007	943,955	690,122	241,217	73.1%
2008	937,213	697,553	229,300	74.4%

資料:韓国農林水産部「農林水産主要統計」各年度より作成。

表7-2 規模別飼養戸数・頭数の推移

単位:戸、頭、%

	規模別飼養戸数 2000年	2002年	2004年	2006年	2008年	2010年	2000年	2002年	2004年	2006年	2008年	2010年
1,000未満	21,501	14,492	10,400	8,221	4,738	4,099	90.2%	83.1%	78.4%	72.7%	61.7%	55.8%
1,000~5,000	2,211	2,776	2,682	2,858	2,687	2,943	9.3%	15.9%	20.2%	25.3%	35.0%	40.1%
5,000~10,000	94	122	128	165	182	216	0.4%	0.7%	1.0%	1.5%	2.4%	2.9%
10,000以上	35	47	58	65	74	89	0.1%	0.3%	0.4%	0.6%	1.0%	1.2%
合計	23,841	17,437	13,268	11,309	7,681	7,347	100.0%	100.0%	100.0%	100.0%	100.0%	100.0%
	規模別飼養頭数											
1,000未満	3,271,097	2,589,822	2,197,260	1,879,338	1,392,698	1,150,351	39.8%	28.9%	24.7%	20.0%	15.3%	11.6%
1,000~5,000	3,819,868	4,902,290	5,018,593	5,406,129	5,329,107	5,843,485	46.5%	54.6%	56.3%	57.6%	58.6%	59.1%
5,000~10,000	629,293	807,462	852,493	1,104,654	1,213,158	1,413,491	7.7%	9.0%	9.6%	11.8%	13.3%	14.3%
10,000以上	494,111	674,829	840,110	991,918	1,152,471	1,473,305	6.0%	7.5%	9.4%	10.6%	12.7%	14.9%
合計	8,214,369	8,974,403	8,908,456	9,382,039	9,087,434	9,880,632	100.0%	100.0%	100.0%	100.0%	100.0%	100.0%
1戸当たり飼養頭数	345	515	671	830	1,183	1,345						

資料:韓国農林水産部「農林水産主要統計」各年度より作成。

農家戸数の減少は非常に早いスピードで進展している。

　農家戸数の年度別推移を見ると、2000年に2万3,841戸だった飼養農家は2010年には7,347戸までに激減している。それに伴い同期間の1戸当たり飼養頭数は345頭から1,345頭にまで大きく増加した。

　これと相まって農家の規模も大きく変化し、2000年時点で1,000頭未満を飼養している養豚農家は全体農家の39.8％を占めているが、2010年には11.6％にまで減少した。さらに2000年時点で1万頭以上の農家階層はわずか0.1％しかなかったが、2010年には1.2％に増加し、この階層は全体飼養頭数の14.9％を占めている（表7-2）。しかし1,000~5,000頭未満階層はむしろ増え

第7章　韓国における養豚・養鶏（卵）の生産と需給構造

ており、今後この階層の動向が重要である。

　一方、豚肉の輸入自由化は着実に進み、1994年に冷蔵豚肉市場、1997年に冷凍豚肉の自由化が開始された。結果、2004年以降輸入豚肉は急増しており、国内生産に少なからず影響を与えている。今後、FTAの影響が本格的に現れる2011年以降、その影響は大きくなると考える。

3）豚肉流通と消費構造

　2006年に実施された調査を元（**図7-2**）に、産地から消費地までの豚肉の産地流通経路を見ると、肉牛流通とは大きく違い、商人による取引（8.4％）や産地組合による系統出荷（22.1％）よりも加工工場（業者）への出荷（61.2％）が主流となっている。養豚の場合、系列化が相当進展しているので、この61.2％とは単に物流を意味しているのではなく、加工業者との契約販売を意味している（共販場〈卸売市場機能を担っている〉のシェア16.9％も同じ意味合いを持つ）。なお養豚に対する政策自体が、加工業者を中心とする系

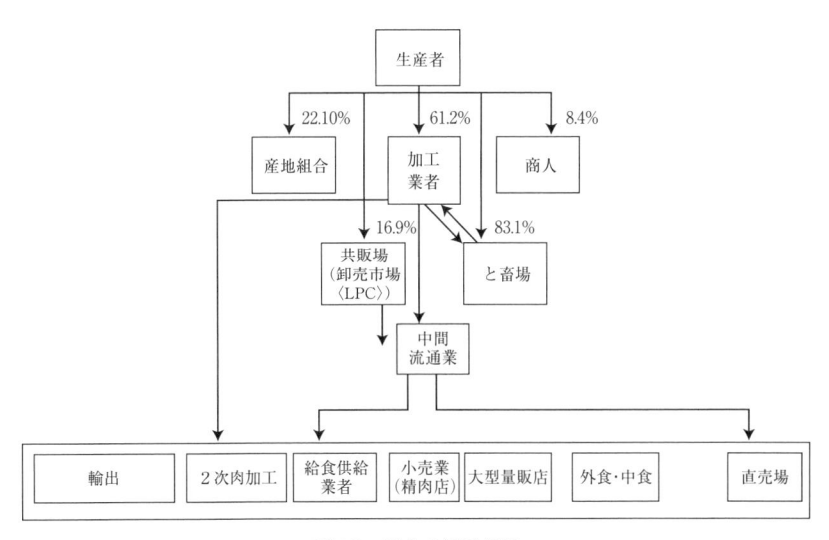

図7-2　豚肉の流通経路

資料：韓国農林部「家畜流通調査および改善方案」2006年

列化に重点を置いているうえ、大型量販店の出現によって様々な規格での品揃えが要求されており、近代的な施設を有している一部の肉加工業者（と畜場・共販場を運営する農協も含まれる）による流通再編が今後ますます加速すると予想されている。共販場は2010年時点で14カ所あり、流通に占める割合は22.1％であるが、2009年「農協養豚共同事業」がスタートし、農協組織のブランドの統一化に向けて組織を挙げて取り組むことが決まった。その内容は2020年まで市場占有率を40％まで拡大する計画となっており、その動向が注目される。

次は豚肉の消費構造の特徴について見てみよう。豚肉の国内消費量は毎年増加しており、2008年の消費量は92万6,853トンであり、このうち国内消費量が69万7,553トンで、輸入が22万9,300トンの構成である。自給率は1995年に92.4％、2003年90.1％だったが、2008年には74.4％まで減少した。豚肉輸入はガットUR農業交渉妥結の結果、1997年6月30日までに冷凍豚肉に対して25％の関税で一定の量（クォータ）を義務的に輸入するようになったが、1997年の7月1日からは自由化（関税率を33.4％）することとなった。WTO協議によって8年後の2004年まで関税率を25％まで下げることとなっている。

1997年自由化以後、実質的に大きな変化を見せたのは2003年以降である。2000、2002年に国内で口蹄疫が発生したことや米国のBSE発生により、豚肉へ消費量が移ったことから、需要が増加し豚肉の輸入が促進された側面は否定できない。

次は産地価格の変動に伴う需給変動について述べたい。豚の産地価格は2003年を除けば持続的に上昇していることが分かる（図7-3）。このような産地価格の上昇は図7-4のように消費段階の豚肉価格の高騰につながっている。理由としては配合飼料の上昇が続いたことや、疾病（離乳後多臓器性発育不良症候群[1]）の発生や夏期の暑さなどにより、飼養頭数の増減が繰り返されるなど、常に豚肉供給に不安が残っており、すぐ価格に反映する生産構造とな

1　通常2～4ヶ月齢の豚で観察され、臨床症状として元気消失、増体重の減少、削痩、被毛粗剛および呼吸困難が一般に認められる。

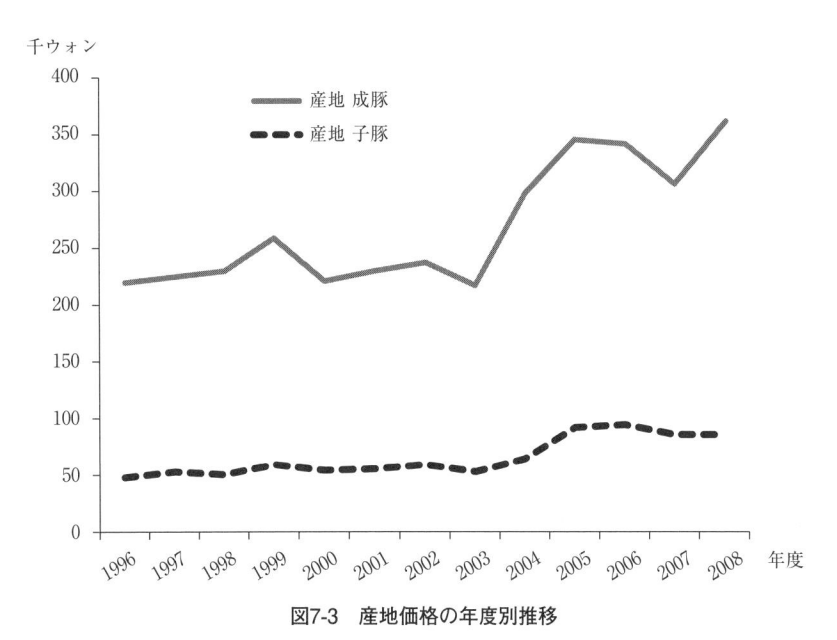

第 7 章　韓国における養豚・養鶏（卵）の生産と需給構造

図7-3　産地価格の年度別推移

資料：農水畜産新聞『畜産年鑑』各年度より作成。

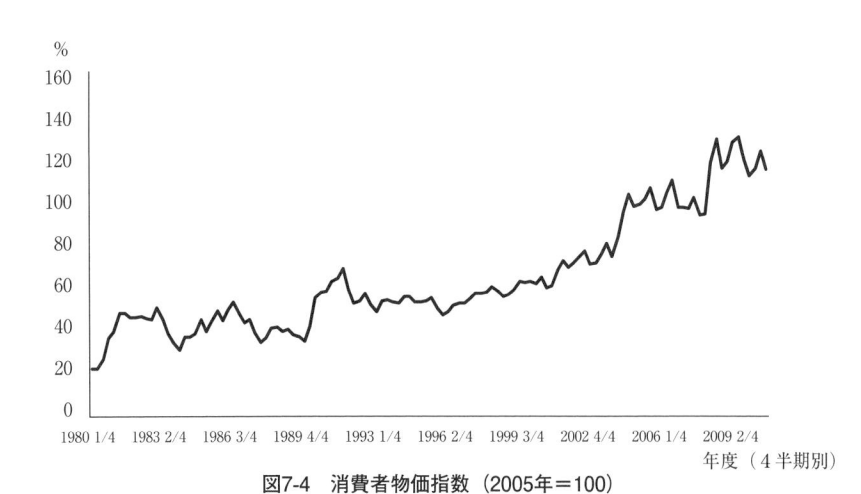

図7-4　消費者物価指数（2005年＝100）

資料：韓国統計庁「消費者物価指数」

っている。前掲図7-1でも確認できるように、飼養頭数は2000年から2010年にかけて緩やかに900万頭台まで増加しているものの、増減を繰り返している。

　2007年からは若干の価格低下が見られたものの、2008年に成豚の価格がまた上昇したため価格上昇は続いている。2007年は豚肉輸入が至上最大の24万トン台に上り、前年対比でも４万トン近い増加だったため、その影響を受けての価格の低下であった。しかしもっと根本的な背景として養豚部門は肉牛よりも海外の穀物飼料への依存度が高く、価格の変動が肉牛より大きいと考えられる。また国内価格上昇は即輸入量の増加につながっている現象を勘案すると、今後外部的要因が発生しない限り、輸入量は伸びると予想される。

２．豚肉の価格形成と需給変動

　次に１人当たり消費量を見ると、1990年の11.8kgから2008年には19.1kgまで増加した。消費量が１kg増加するのに、２～３年もかからない計算であるが、消費の増加幅からみれば他の畜種を大きく陵駕している（前掲表6-5を参照）。

　さらに豚肉の消費形態について詳しく見ると、少々古いデータであるが、2002年年間部位別販売量はバラ（三枚肉）が全体消費量の38.0％を占めており、次にスネ肉21.1％、肩ロース肉15.0％が続いている。ヒレ・ロースの消費量は6.5％に過ぎない。したがって2002年時点での部位別販売価格を見ると、ヒレ・ロースの部位別価格を100とした場合、バラ（三枚肉）が230、肩ロースが213、もも肉79、カルビ135となっている[2]。

　その後、消費形態を示すデータが見つからなかったため、間接的なデータを用いて消費の形態がどのように変化しているのか推測して見ることにした。国内供給の不足分を輸入で補う現状を考慮して、まず部位別輸入量から消費形態を把握してみたい。

2　農水畜産新聞『畜産年鑑2003』、p.123より引用。

第 7 章　韓国における養豚・養鶏（卵）の生産と需給構造

表7-3　部位別豚肉輸入の現状

単位：％

年度	バラ（三枚肉）	肩ロース	カルビ	スネ肉	その他
2002	71.5	11.3	6.0	6.0	5.2
2004	59.2	12.6	11.3	12.3	4.6
2006	43.9	21.0	12.1	15.1	8.0
2008	52.8	26.1	4.8	14.6	1.7

資料：農水畜産新聞『畜産年鑑』各年度より作成。

　表7-3は部位別輸入量であるが、2008年時点でバラ（三枚肉）の割合は52.8％、肩ロース26.1％、カルビが4.8％、スネ肉が14.6％、その他が1.7％となっており、2002年に比べると消費の形態が多様化しつつあるが、依然として三枚肉の需要が高いことがわかる。輸入豚肉の5割を占める三枚肉の輸入国を割合別に見ると、チリ産がもっとも多く23.9％を占めており、続いてフランス13.2％、オーストリア11.9％、オランダ10.7％順である[3]。

　全体輸入量を国別に見ると、米国産が全体の35.7％を占めており続いてチリ17.3％、カナダ12.5％、フランス6.8％の順である[4]。

　豚肉は韓・米/EU FTAの影響が最も現れる品目であり、米国産は2016年、EU産が2018年に関税撤廃（2011年からFTAが発効する場合）される。なお韓・チリFTA協定により2014年から関税撤廃が決まっているため、輸入豚肉が急増する可能性が高くなっている。とくに特定部位を選好する韓国の消費形態から見ると、国内供給だけでは不足状態であるために、輸入を前提にしなければならない事情があり、輸入を一層加速化させる可能性が潜在している。ちなみに2018年にEU産豚肉が関税撤廃されると、輸入単価は米国、EU、チリの順になるので、三枚肉の多くをEUから輸入している韓国の状況を考慮すれば、豚肉輸入の様相が大きく変わる可能性が大きくなっている[5]。

3　韓国農村経済研究院『農業展望2010年』より引用。
4　農水畜産新聞『畜産年鑑2009』、p.288より引用。
5　韓国農村経済研究院『農業展望2010年』、p.673参照

3．豚肉輸出と国内価格形成への影響

1）豚肉輸出の展開

　韓国における豚肉の輸出は、1997年に台湾で発生した口蹄疫に端を発している。それまでは台湾は日本への輸出を活発に行った国であったために、その不足分を韓国が担うような形で輸出が開始された。2000年に韓国で口蹄疫が発生する以前までは、年間8万トンが輸出され、1999年時点で国内生産量のうち、輸出量が占める割合は11.4％になるまで増加した。その内訳を見ると、97.4％が日本向けの輸出である。2000年以降は口蹄疫発生により輸出が大きく制限され、豚肉輸出が大きく減少した。

　2009年9月より済州島に限って日本向け輸出が可能となり、96トン（56万ドル）の実績を上げたものの、2010年の口蹄疫により全面輸出禁止に追い込まれた。

　ここで韓国の豚肉輸出構造について簡単に触れることにしたい。

　2000年以降は実績が少ないために、輸出全盛期の2000年の実績を基に検討したい。豚肉を輸出する業者は全部で70社に達しているが[6]、そのうち、近代的な冷蔵施設を完備して冷蔵肉を扱う業者は13社となっている。2000年1〜

表7-4　年度別豚肉輸出入

単位：トン

区分		1990年	1991年	1994	1995	1996	1997	1998	1999	2000
輸出	物量	5,802	3,564	11,139	14,346	36,862	51,624	88,326	80,279	16,156
	要因							台湾の口蹄疫発生		韓国で口蹄疫発生
輸入	物量	2,583	17,667	25,078	34,407	41,397	64,805	55,673	141,954	95,892

区分		2001	2002	2003	2004	2005	2006	2007	2008
輸出	物量	9,554	2,494	6,295	1,937	83	1,423	187	270
	要因		口蹄疫・コレラ発生						
輸入	物量	51,516	71,045	70,431	121,265	182,419	231,059	275,662	249,861

資料：農水畜産新聞『畜産年鑑』各年度より作成。

6　輸出資格を持って輸出名簿に名前を挙げているすべての業者が70社であり、実績がないのがほとんどである。

第 7 章　韓国における養豚・養鶏（卵）の生産と需給構造

表7-5　豚肉輸出の実績

単位：kg、ドル

輸出業者	物量（kg）	割合（％）	金額（USドル）	割合（％）
A	1,680,956	15.5	7,026,230	15.1
B	1,487,378	13.7	6,394,730	13.8
C	1,373,708	12.7	6,230,604	13.4
D	849,934	7.8	3,531,505	7.6
E	461,150	4.3	1,271,961	2.7
F	388,000	3.6	1,088,580	2.3
G	381,858	3.5	1,633,680	3.5
H	264,763	2.4	1,376,275	3.0
I	242,776	2.2	1,103,070	2.4
J	207,271	1.9	1,017,385	2.2
上位10社	7,337,794	67.6	30,674,020	66.1
合計	10,844,215	100.0	46,384,567	100.0

資料：韓国肉類輸出入協会「肉類流通輸出入情報」より作成

　2月の累計輸出実績を見ると、上位5社が占める割合は全体輸出量の54.0％を占めており、金額では53.5％となっている。上位10社を含めると全体輸出量の67.6％、金額では66.1％を占めているなど、他の農産物の輸出より寡占が進んでおり輸出業者間の競合が起き難く、輸出においては非常に有利な状況である（**表7-5**）。

　次は輸出によって国内価格形成にどのような影響を行っていたかについて見ることにしたい。

　豚肉は肉牛と同じように周期的な価格変動すなわちピッグサイクルが存在しており、韓国の場合、2～3年の周期で変動していると言われている。しかし1990年台半ばより輸出が持続的に増加したため、産地の子豚の価格はしばらく比較的安定していた。2000年以降度々口蹄疫が発生し対日輸出が中断した後は、産地の価格が大きく低下している。それは対日輸出中断によって韓国内の非人気部位の在庫（ロース・ヒレ）が累積し、価格下落が起きたからである。2000年には前年対比で子豚価格が5万4,000ウォン、成豚価格は16万6,000ウォンまで低下した。豚肉自由化後の韓国内の需給問題が対日輸出の開始によって大きく回避され、むしろ国内価格の安定に大きく寄与していることを示唆している。

2）輸出促進の政策的支援

韓国消費者と日本の消費者の豚肉に対する嗜好が相違していることが以上見たように対日輸出に傾斜した原因であるが、たとえば韓国国内では韓国人の食肉の消費形態に合わないと言われているロース・ヒレなどの部位が日本人の消費形態には適しており、日本に輸出することで、累積している在庫問題の解決はもちろんのこと、より高い価格で販売できるメリットが存在した。さらに単純な価格の面だけではなく、国内価格の安定にも大きく貢献するなどの計り知れないメリットもあった。したがって当然のことながら、豚肉輸出は当初から日本向けに限定されるようになり、その１つの取り組みとして規格豚の奨励があげられる[7]。1997年以降、本格的な対日輸出を開始するにつれ、規格豚の奨励のために契約履行率80％以上の系列化された農家に限定し、国の支援が行われた。国内生産を輸出体制に合わせるような大胆な政策転換に踏み切ったことを意味する。ではどのような輸出振興策が講じられて来たのかを概観してみよう。

豚肉格付け制度は流通の近代化促進という政策目標の下、1992年６月に初めて設けられ、現在に至る。重要な改正としては1998年に行われた改正であるが、A格付けの生体体重を105〜120kg（と体重を従来の64〜81kgから69〜82kgへ変更するとともに背脂肪は10〜20mmの規格を設定）の範囲に合わせ、対日輸出を強く意識した改正内容となった。制度的に対日輸出を意識的に推し進めようとする意気込みが見られる。さらにこの時期から既存の格付け制度ではPSE[8]の正確な判断ができなかったために、検査体制の検討および実験に入り、2002年４月から一般と畜施設での検査が可能となった。

7　規格豚とは、日本人の嗜好に合うロース、ヒレの部位が多く取れるような改良豚を指す。
8　筋肉に異常が見られるものとして、肉色が淡く（Pale）、組織が軟弱で（Soft）、水っぽい（Exudative）豚肉を、「ふけ肉」もしくは「むれ肉」と呼んでおり、これらは総称して「PSE豚肉」と呼ばれ、豚ストレス症候群やと畜前に体調を整えていない豚や枝肉の取り扱いが原因とされている。

第7章　韓国における養豚・養鶏（卵）の生産と需給構造

また1992年当初、格付け判定を受けた割合はわずか9.2％に過ぎなかったが、1997年には約7割を超えるようになり、2002年にはすべて格付け判定を受けるようになった。

2007年からはこれまで肉質と肉量を合わせ一括判定を行った格付け判定基準を肉量と肉質で分けて判定するようになった。肉質の判定項目には三枚肉の状態（欠陥有無を含む）を判定項目に追加して肉質の正確な判定を行うことになった。したがって既存の肉量（と体重量）の規格である（A、B、C、D）に加え、肉質の規格である（1+、1、2、3、等外）が追加され、全部で16格付け（等外を入れると17格付け）の検査体系となった。またA格付けのと体重を80～93kgから84～95kgに変更し、肉質1+の場合は背脂肪（バラ肉）の厚さを現行の5～15mmから5～12mmに変更した。その理由はバラ肉を好む消費者に合わせ肥育した結果、余計な脂肪発生が増加したためである。これは**表7-6**でも確認されるが、輸出が本格的に開始された1997を境に出荷体重は105～110kg台を目標として調整されてきたが、最近は出荷体重が増える傾向にある。

表7-6　年度別出荷体重の変化

年度	出荷体重（kg）		
	メス	オス	平均
1990	84	90	90
1991	92	91	92
1992	94	92	93
1993	96	95	95
1994	97	95	96
1995	98	97	98
1996	100	99	100
1997	102	102	102
1998	105	104	104
1999	106	105	106
2000	108	107	108
2001	106	106	106
2002	108	106	107
2004	−	−	108
2006	−	−	110
2008	−	−	111

資料：韓国肉類輸出入協会「肉類流通輸出入情報」より作成

表7-7 改正後の格付け別頭数の推移

格付け別	判定頭数			判定割合		
	2007年	2008年	2009年	2007年	2008年	2009年
1+A	38,467	107,255	220,324	0.6%	0.8%	1.6%
1+B	22,505	61,446	82,603	0.3%	0.4%	0.6%
1+C	6,015	17,085	17,414	0.1%	0.1%	0.1%
1+D	2,375	7,356	5,980	0.0%	0.1%	0.0%
1A	2,255,031	4,572,717	4,916,802	32.6%	33.2%	35.4%
1B	1,652,201	3,354,363	3,557,744	23.9%	24.4%	25.6%
1C	288,780	672,334	783,406	4.2%	4.9%	5.6%
1D	168,992	409,390	463,043	2.4%	3.0%	3.3%
2A	193,131	390,686	251,072	2.8%	2.8%	1.8%
2B	369,069	687,640	566,623	5.3%	5.0%	4.1%
2C	876,720	1,533,832	1,320,946	12.7%	11.1%	9.5%
2D	610,876	1,137,256	1,021,030	8.8%	8.3%	7.4%
3A	12,895	20,322	15,940	0.2%	0.1%	0.1%
3B	21,355	36,335	34,227	0.3%	0.3%	0.2%
3C	25,192	38,331	33,114	0.4%	0.3%	0.2%
3D	102,158	154,780	124,748	1.5%	1.1%	0.9%
E	272,061	556,196	473,047	3.9%	4.0%	3.4%

資料：韓国畜産品質評価院資料より作成。

2007年より改正された格付け制度はまだ実施期間が短く、それ以前の規格とは単純な比較にはならないが、肉質1以上の格付け率は72.2％を占めている[9]（表7-7）。

最高ランクである1+Aはまだ低い水準であるが、頭数では3万8,467頭から22万324頭、割合では0.6％から1.6％へと改正初年度に比べ、大きく増加している。肉牛に比べ、改良の速度が速く、生産段階における大規模層の増加などや、制度そのものが輸出体制に合わせて構築されることもあって他畜種より国際競争力はあると判断されている。

しかし2010年11月に発生した口蹄疫により、韓国政府は全頭予防接種を行っており、しばらく輸出はできなくなり輸出奨励を行った農業政策全般の見

9　2002年の格付け成績（ソウル共販場）を見ると、1999年4月時点で去勢率は74.7％だったが、2004年からはほぼ100％となっており、これらの努力によって最高格付けである1等級の出現率も大きく向上した。1993年にわずか5.6％だったが、2002年には、以前より高い基準にもかかわらず38.7％となっている。したがって2007年に改めて肉質の基準を多く設けた。

第7章　韓国における養豚・養鶏（卵）の生産と需給構造

直しが必要となっている。

4．対日輸出の取り組み事例

1）調査対象施設の概要

　M食肉加工処理場は農協の子会社として1995年より稼動している。当初の設立目的は、畜産部門の輸入自由化が進む中で、脆弱な国内流通の近代化と加工施設の併設による付加価値を付けることであり、522億ウォンを投入し設置された。主に豚のと畜、部分肉加工、肉加工品の生産が行われており、国内最大の食肉加工処理施設を誇っている。

　と畜処理は1日に2,000頭、部分肉は100トン、加工品は40トンの生産が可能である。さらに生産においては生産者を系列化し、すべての飼養管理から、加工、消費までの全過程を一貫して管理している。供給先はソウルが78％、他の広域都市に22％となっている。また2000年度よりと畜、2001年より部分肉加工、2003年より食肉加工品のすべての処理工程にHACCP認証を獲得している。1990年代に畜産物総合処理場構想から始まった食肉部門の流通近代化政策が経営難によって失敗している中で当施設の経営は飛び抜けて成功を収めている。

　厳格な生産管理体制を維持しているため、契約内容不履行、改良不良、また対日輸出の不振によって一時期300戸を超えていた系列農家は2003年には157戸に減少している。

　また系列農家の概要を見ると、系列農家は102戸、委託15戸、その他40戸の内容となっている。系列農家においては生産から出荷まで一貫生産を行っており、委託やその他はこれよりは緩い形の契約関係である。豚の調達実績を見ると、系列農家が74.1％となっている。

　と畜実績を見ると、2002年には約36万頭、2003年には33万頭となっている。系列生産農家の8割はM食肉加工処理場の周辺生産地域であり、2割は忠南、全南となっている。M食肉加工処理場は食肉加工施設の役割のみならず、政

府資金の受け皿として生産農家への融資（畜産発展基金）、技術・情報提供、飼料供給を行っており、系列化の一貫事業として、物流センター、肥料工場、種豚事業所を営んでいる。その意味では、最高に完成された系列化を達成している。さらに流通の部門にも進出し、全国で50を超える直営小売店を開設し、これらの小売店に優先的に食肉を供給している。

また1998年6月に韓国国内の豚肉業界で最初に品質管理の国際認証であるISO9001認証を獲得し、国内品質マークのKS品質認証などを獲得するなど、流通の近代化においても先頭に立っている。このような努力によって1997年には日本の厚生省（現、厚生労働省）の検疫免除を受けることにもなった。

対日輸出については韓国内のどこよりも早い段階から取り組んだ結果といえる。M食肉加工処理場の対日豚肉輸出は日本の購買者からの要請によって1995年より開始され、96年には豚の内臓副産物も輸出するに至った。**表7-8**は、1996年から2000年3月までの対日輸出実績であるが、1996年時点で国内に占める冷蔵豚肉の輸出量は全体の24.5％となっている。

当初から付加価値が高い冷蔵肉を重点的に輸出しているので、冷凍肉の輸出量は相対的に低い水準となっている。その後、1998年には冷蔵・冷凍肉を合わせておよそ1万1,571トン、99年にも、およそ1万トンを超える実績をあげ、輸出占有率も冷蔵肉で28.4％、冷凍肉で7.8％を占めるようになった

表7-8　M食肉加工処理場の輸出実績

単位：トン

区分		1996	1997	1998	1999	2000.3月
冷蔵肉	国内全体	4,567	10,729	18,568	21,713	4,830
	M社	1,118	3,486	5,871	6,166	1,327
	占有率（％）	24.5	32.5	31.6	28.4	27.5
冷凍肉	国内全体	32,295	40,895	69,757	58,566	10,741
	M社	1,847	3,134	5,700	4,576	551
	占有率（％）	5.7	7.7	8.2	7.8	5.1
合計	国内全体	36,862	51,624	88,325	80,279	15,571
	M社	2,965	6,620	11,571	10,742	1,878
	占有率（％）	8	12.8	13.1	13.4	12.1

資料：M食肉加工処理場の資料より作成した。
注：韓国検疫基準

第7章　韓国における養豚・養鶏（卵）の生産と需給構造

（総占有率13.4％）。このように対日輸出によって単一加工施設としては1996年には輸出金額で1,000万ドルの実績をあげ、1998年12月には総額で3,000万ドルにも上った。これらの実績はほとんど対日輸出の好調によるもので、1998年12月には単一施設としては国内最大な輸出拠点として成長したのである（**表7-8**）。

さらに1999年には4,900万ドルの輸出実績をあげ、1996年からわずか3年で5倍の伸びを見せている。1999年時点でのM食肉加工処理場で生産される部分肉の45％に相当する量が日本に輸出された。

2）対日輸出とその後の動向

以上のような短期間で実績をあげることができた背景としては、前述のとおり韓国と日本人の豚肉に対する嗜好が相違している部分が大きい。韓国内での非人気部位を日本に輸出すると国内の2～3倍の高い価格で販売できる。もちろんコストは入れない単純計算ではあるが、日本輸出に向けて180日齢、100kgの規格豚生産に大きな比重を置いたのはこのような背景が指摘できる。しかし規格豚奨励においては対象農家を契約履行率80％以上の系列化農家に限定し、最初から政策的効果を高めた結果でもある。

このように、すばやく対日輸出に転換できた背景は、系列化によって飼料の配合から飼養管理まで一貫した生産体制がすでに韓国国内で整っていたからである。また、近代的な施設で衛生的な処理ができたことも日本の購買者を増大させた要因であった。現在M食肉加工処理場と購買契約を締結しているのは、日本の大手の食肉会社および輸入業者のK、M社などである。また農協系列であったため、輸出当初から契約に関する一切の業務は、農協本社が担当していることも、生産に専念できる環境であったといえる。

輸出の流れを簡単に説明すると、日本から農協の海外営業部にオーダーが入ると、釜山港まで運び、日本の下関から日本国内の消費地までは日本側の購買者が担当する形となっている。輸出規格は日本の購買者の要求で部分肉に加工し、重量は12～15kgの圧縮包装処理を施す。

輸出用の圧縮包装は国内用の包装よりも圧縮の強化が要求されたために、あらためて1,000万ウォンの機械5台を導入した。またボックスの場合も、耐久性を考え、国内用570ウォンより高い650ウォンのボックスを利用している。

　また対日輸出用は細かな加工処理が必要なため、人件費は20～30％高である。さらに輸出用の場合、国内用の歩留まり率が74.24％に対し、71～72％であり、2～3％の損失が発生する。

　1頭当たり、0.1％の歩留まりを上げただけでも、3万6,000ウォンの利益が発生することを考えれば大きな損失である。しかしそれ以上に輸出のメリットが高いことを意味している。

　しかし2000年3月に発生した口蹄疫の影響で、M食肉加工処理場も物量ベースで14％の減少を余儀なくされた。その結果、工場稼働率の低下を招き、それらが製造原価の上昇要因となった。したがって輸出部位の在庫累積と国内販売萎縮に加えて、円滑な供給体制にも支障を与えるほどの問題が生じたのである。前述のように系列農家の戸数が激減したのは対日輸出の中止によってもたらされた部分が大きいといえる。そのくらい、韓国養豚業にとって日本市場は大きな存在となっている。しかし輸出中断後、飼養中止や契約違反の農家を脱退させており、むしろ以前より飼養管理が容易になった部分も存在する。さらに対日輸出に向けての努力も推進しており、前述でも指摘したとおり、PSE出現率の減少に力を入れている。

　M食肉加工処理場のPSE出現率は11.6％となっており、畜産物総合処理場の中でも一番の良い成績となっている。さらに対日輸出に向けて、加工処理工程の規格化をすでに終えた状態である。またさらに一歩進んで、農家に向けてPSE出現率の上位10農家と下位10農家のデータを公表しており、農家間の競争意識を高めることやさらに優れた飼養管理を求めることが可能な段階に達している。この結果、2002年4月から12月にかけてのPSE出現率は10.1％となっている。1995年の同時45％台の水準であったことを考えれば驚くほどの改善である。

　このように豚肉に限っては、政府の輸出奨励政策と流通近代化政策の影響

第7章　韓国における養豚・養鶏（卵）の生産と需給構造

がもっとも大きい部門である。園芸に比べ、施設投資などが効率的に行われる利点を有しており、何より大規模層が大きく成長した生産構造により政策的効果が即座に現れるのである。

また現在まで輸出促進のために、一貫して国内制度の構築や努力を注いでいる点、また「養豚協会」という生産者団体があることが、他の畜種とは生産構造上根本的な違いを持っている。輸入増加が予想する中でも、積極的な市場対応ができる数少ない品目でもある。

5．養鶏の生産・流通・消費構造

1）養鶏の生産構造

養鶏の生産状況について見るときに注意すべきことは、韓国政府の統計上では2006年から3,000羽以上の農家階層に限定して集計されていることである。したがってその前の農家戸数とは不連続である。統計の集計方法が変わった背景としては、2005年当時養鶏の飼養戸数は全部で13万5,817戸となっているが、そのうち1万羽以下の階層が13万3,156戸となっており、全体戸数の98％を占めていた。しかしこの農家階層の飼養羽数はわずか3.6％に過ぎず、養鶏産業の全貌を掴むには問題があると判断されていた。結果的に、2006年からは3,000羽未満の農家階層は集計上、完全に除外されることとなったのである。では養鶏の生産構造を輸入との関連から見ることにしたい。

鶏肉の輸入自由化が開始されたのは1997年であるが、図7-5の飼養羽数・戸数を見る限り、輸入の影響は少ないと考える。2003/04年、2006/07年に若干の生産停滞が見えるが、その年に生じた鳥インフルエンザによる殺処分などの影響による。ここで韓国の鳥インフルエンザの発生状況について説明すると、2003年12月10日から2004年3月20日まで102日間、10市郡で109件が発生して家禽類500万匹を殺処分し、殺処分補償金など1,531億ウォンの予算が投入された。

また2006年11月22日から2007年3月6日まで104日間、5市郡で7件が発

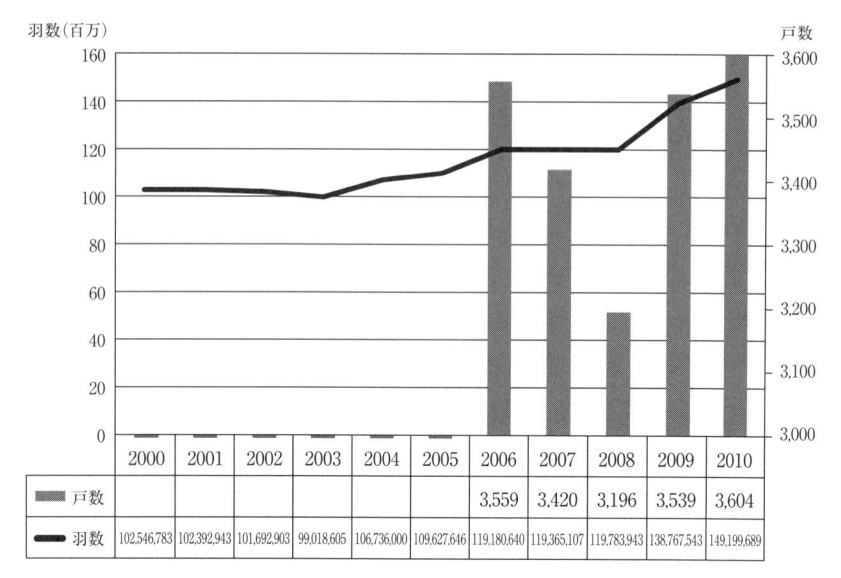

	2000	2001	2002	2003	2004	2005	2006	2007	2008	2009	2010
戸数							3,559	3,420	3,196	3,539	3,604
羽数	102,546,783	102,392,943	101,692,903	99,018,605	106,736,000	109,627,646	119,180,640	119,365,107	119,783,943	138,767,543	149,199,689

図7-5 養鶏の飼養戸数・羽数の推移（産卵を含んだ養鶏全体）

資料：韓国統計庁「農漁業統計」各年度より作成。

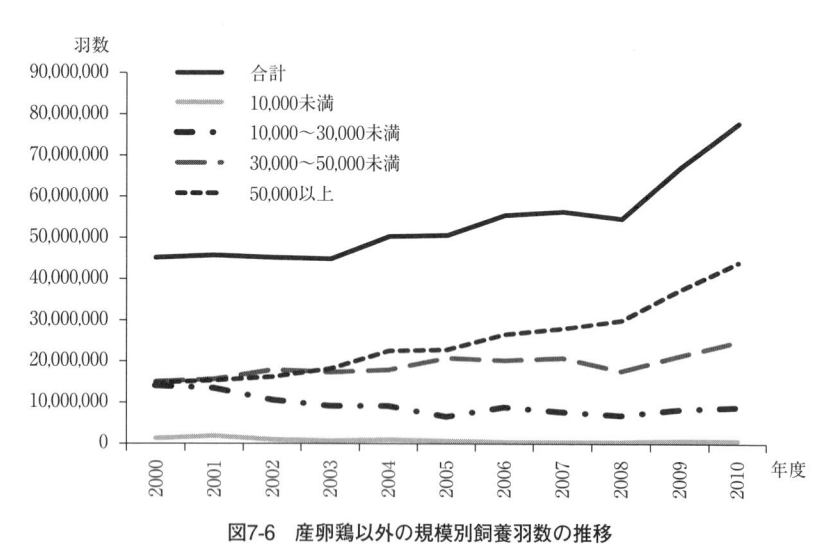

図7-6 産卵鶏以外の規模別飼養羽数の推移

資料：韓国統計庁「農漁業統計」各年度より作成。

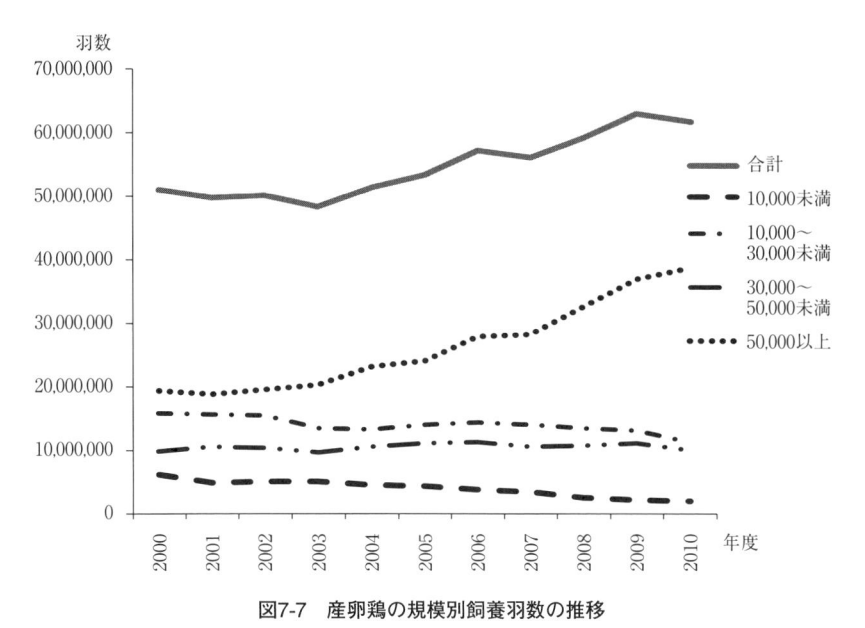

第 7 章　韓国における養豚・養鶏（卵）の生産と需給構造

図7-7　産卵鶏の規模別飼養羽数の推移

資料：韓国統計庁「農漁業統計」各年度より作成。

生して家禽類280万匹を殺処分して、殺処分補償金など582億ウォンの予算が投入された。また2008年 4 月 1 日から 5 月12日まで42日間、19市郡で33件（鶏22件、鴨11件）が発生して家禽類1,000万匹を殺処分して、殺処分補償金など3,070億ウォンの予算が投入されたが、この金額は2008年度畜産予算の 5 割に達した。繰り返し発生する鳥インフルエンザによって生産にも多大な影響を与えており、産卵鶏以外の養鶏を見ると、 3 万羽以上の階層の躍進が顕著となった（**図7-6**）。また生産に大きな変動を見せない産卵鶏においても 5 万羽以上の階層の躍進がさらに大きく、両極分解が進んでいる（**図7-7**）。

2 ）価格形成の推移

　鶏肉と鶏卵の農家販売価格指数（**図7-8**）を見ると、2008年以降を境に大きな価格上昇が見られる。鳥インフルエンザの影響によって2003年、2007年に大きな価格低下が確認されるが、2008年以降は鳥インフルエンザが発生し

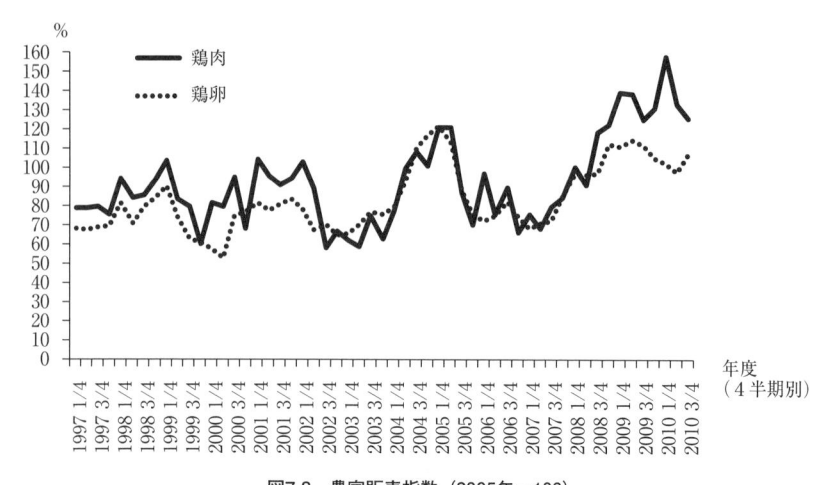

図7-8　農家販売指数（2005年＝100）
資料：韓国統計庁「農漁業統計」各年度より作成。

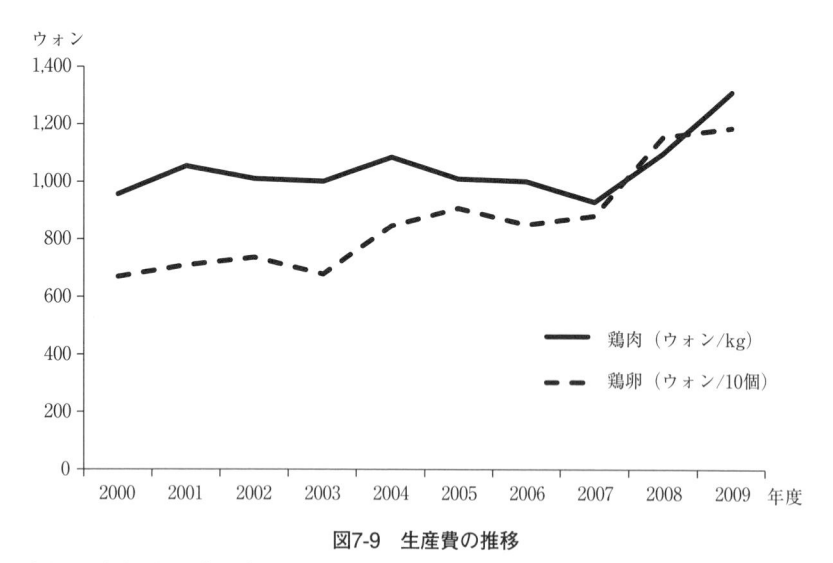

図7-9　生産費の推移
資料：農水畜産新聞『畜産年鑑2009』2010年、p.288より引用。
　注：2003年、2005年は10kg当たり生産費のため、単純に１kgに換算した。

第 7 章　韓国における養豚・養鶏（卵）の生産と需給構造

ているのにもかかわらず価格が上昇している。政府の鳥インフルエンザ対策や広報などによって以前とは違い、それが直ちに市場価格に影響を及ぼすことはなくなったようである。むしろ価格上昇には飼料価格の高騰が影響していると考えられる。

　2006年末から上昇し続けた飼料価格は2008年には2006年対比100％以上まで上昇した。生産費のうち 6 割を飼料代が占めていることを考えれば価格上昇はやむを得ない側面がある。

　図7-9は生産費の推移であるが、2009年時点で2007年に比べ鶏卵、鶏肉ともに生産費が 3 割増加しており、価格上昇はやむを得ないところである。2009年からは生産過剰によって価格の低下が起きている。反面、鶏肉の 1 人当たり消費量は2007年の8.6kgから2009年 9 kgに増加しており、まだ国内需要が伸びている。

3 ）輸出入の現状

　1997年に鶏肉の輸入自由化が開始されると、初年度1997年に 1 万8,214トンがはじめて輸入された。それ以降、毎年輸入が増加し、2002年には歴代最大輸入量となり、 9 万327トンとなった。この数量は国内消費量の27％に当たる。農家販売指数や規模別飼養羽数をみてもこの年を境に大きく構造変化を起こしていることから、輸入が国内生産に与えて影響は大きかったことが予測される（**図7-10**）。

　その後は、全世界的な鳥インフルエンザの発生により輸入が次第に減少し、2004年には 2 万9,754トンまで大きく減少した。それを受けてしばらく価格低迷が続いた価格が上昇するようになった。しかし2005年以降、鳥インフルエンザが沈静化することで再び輸入の増加が始まった。2008年時点で 7 万57トンまで回復した。

　2008年の主要輸入国は米国（60％）、ブラジル（34％）、デンマーク（ 4 ％）[10]であるが、とくに韓・米FTA協定によって10年で関税撤廃が決まっている

10　農水畜産新聞『畜産年鑑2009』、pp.313-314より引用。

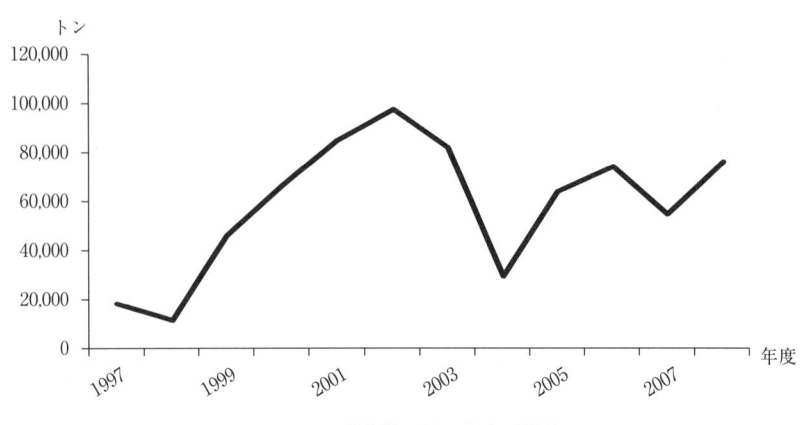

図7-10　鶏肉輸入量の年度別推移

資料：農水畜産新聞『畜産年鑑2009』2010年より作成。

　米国から年々鶏肉の輸入が増加するなか、その被害が大きいと予想されている。一方、国内対策としては2008年6月から一般飲食販売店において、米、白菜、畜産物の原産地表記が義務化されるほか、HACCP認証や有機畜産物の認証制度（開始1年目で無抗生剤認証566戸、有機畜産物認証28戸）が開始され、輸入畜産物に対抗できる安全な鶏肉・鶏卵生産に力を入れている。同時に輸出にも力を入れており、2002年より対日本向けの鶏肉および加工食品（サムゲタン（参鶏湯））の輸出が開始された。2008年時点での検疫基準での輸出量は輸入量にくらべ低い水準であるが、8,519トンである。2007年の3,200トンに比べると2倍強の増加である。輸出先は日本が675トン（7.9％）、台湾310トン（3.6％）、香港310トン（3.4％）順となっている[11]。鳥インフルエンザによって変動が大きい品目であるために、今後サムゲタン（参鶏湯）を1つの主力品目として考えている。

　また鶏肉シェア2位の民間会社と農協との連携が発表されており、決まれ

11　農水畜産新聞『畜産年鑑2009』、pp.126-131より引用。上記の日本、香港、台湾以外の85％に当たる国は統計上「その他の国」となっているために、詳細なことは把握できていない状況である。

ば業界1、2位を争うほどの規模となる。養鶏の場合、すでに系列化が8割を超えており、大手業界の協議によって自律的に生産調整を行う実績があるために、この連携が養鶏生産に与える影響が大きいと考える。今後ともFTAを睨んだ市場再編がますます進行すると考えられる。

6．豚肉・養鶏部門の今後の展望

　最近の畜産部門の大きな政策的変化については、畜産法の改定（2003年12月27日施行）が挙げられる。その内容を見ると、2004年末までに畜産業を営む者は、地方行政責任者に登録し、認められた登録者は、家畜の改良、疾病の予防、衛生水準の向上に向けて農林部条例が定める事項を遵守しなければならない。さらに登録対象農家は、韓肉牛30頭、乳牛10頭、豚50頭、養鶏3,000羽にし、それに見合う施設の完備が要求されることとなった。もし未登録または不正が摘発された場合、2,000万ウォン以下の罰金または2年以下の懲役を科すなどの厳しい規制が設けられた。

　韓国農林部はこれから登録制適用農家を対象に、申請を受けて2004年5月より畜産直接支払い制度を実験的に開始した。畜産部門に初めて導入される直接支払い制度は飼料用作物栽培に糞尿を使用し、また親環境的に糞尿を処理するなど、一定の条件を満たす農家に、最高で1,500万ウォンを支給する。これは2年間の実験的実施を経て、2006年より導入された。

　政策の目的は、一定の基準を満たさない農家を政策対象から除外し、効率化を図るという意図である。しかし政策意図は別個に口蹄疫や鳥インフルエンザの影響で大きな被害を受けて来た養豚・養鶏の場合、両極分解が激しく進行し、農家戸数がそれぞれ7,000戸台、3,000戸台まで減少し、結果的には政策意図どおりになった。結果的には政策対象として絞りやすくはなったものの、政策意図が企業によるインテグレーションを中心に展開しているために、直接的に生産農家への支援があまり期待できなくなりつつある。さらに養豚の場合「養豚協会」を中心に、自助金として政府も半額を助成し、他畜

種より円滑に進んでいるために、肉牛や酪農とは違う展開方向が予想される。一方で最近の養豚や養鶏部門においてFTAを睨んで業界の再編が起きており、先に指摘したとおり農協の躍進が顕著となった。企業によるインテグレーションが強化される方向で進むのであれば、農協の役割は今後大きくなると考える。一方、養豚や養鶏は肉牛および酪農に比べ、FTA交渉によって確保された関税撤廃までの期間を有効に活用できる可能性も高くなっている。

さらに本文で考察したとおり、養豚の場合、国内生産体系を対日輸出に向けて構築しており、特定の輸出業者の市場占有率も高いことから、環境さえ整えば、輸出の再開はすぐできると思われる。鶏肉の場合、加工品の輸出に力を入れていることから、政府の輸出政策がどのような方向で進むかによってはFTAが韓国の養鶏にとって必ずしも悪い方向に働くとはいい難い部門でもある。今後の動きに目が離せない状況である。

[参考・引用文献]

韓国農産物流通公社『主要農産物の流通実態』各年度。
韓国農産物流通公社『物流標準化の実態』各年度。
韓国農村経済研究院『農業展望』各年度。
農水畜産新聞『畜産年鑑』各年度。
ソン・ドンヒュン、ソン・ヨル「原乳需給不均衡の原因と政策課題」『農村経済』第26巻第4号、韓国農村経済研究院、2003年。

第8章
北東アジアにおけるFTAの行方と農業

　戦後、自由貿易主義を根幹とするGATTが1947年創立され、世界貿易の振興に大きな役割を果たした。GATTにおいてはラウンドと呼ばれる多国間の貿易交渉が行われてきた。1986年に開始した第8回ラウンドのウルグアイ・ラウンドからサービス貿易、知的財産権、農産物貿易などの問題が議論され、1995年に妥結した。これによって1995年にWTOが設立された。WTO体制後、最初のラウンドであるドーハ開発ラウンド（Doha Development Round）が2001年に開始されたが、アメリカ、EU、G20[1]との間に関税の引き下げ、国内補助金の削減、センシティブ品目などを巡り、意見が対立し、さらなる自由化が進展していない。そのため、多国間交渉から二国間または少数国間の交渉であるRTAが急増している[2]。

　東アジア[3]は1990年代前半において「東アジアの奇跡」と評されるほど、域内の急速な経済発展から始まった。元々 ASEAN（東南アジア諸連合国）はインドシナ半島の紛争を避けるために、1967年に組織された、緩やかな国連合であったが、1990年代の経済発展を踏まえてベトナム、ラオス、カンボ

1　主要20カ国G20（Group of Twenty）とは、主要20カ国・地域のことである。主要国首脳会議（G8）の参加国・地域（EU）および振興経済国11カ国。
2　RTA（Regional Trade Agreement）とは、2009年末180条約があるが、うち2000年以降できたのが114条約で、通常Free Trade Agreement、Economic Partnership AgreementまたはComprehensive Economic Partnership Agreementと呼ばれている。日本ではEPAという。
3　通常、東アジアはASEAN10（インドネシア、シンガポール、タイ、フィリピン、マレーシア、ブルネイ、ベトナム、ミャンマー、ラオス、カンボジア）＋3（日本・韓国・中国）と香港、台湾を指す。

ジア、ミャンマーが加盟し、経済協力の色合いを強めた。

　1997年7月、タイのバーツ切り下げから始まった「アジア外貨危機」に、既存のIMFやAPECはほとんど効果的に機能しなかったのを契機に、マレーシアがクアラルンプールに中国・韓国・日本の首脳を招き、非公式首脳会議を開催した。その後1998年〜2000年にかけてASEAN＋3が開かれ、「東アジア共同体」が提案された[4]。

　日・中・韓の首脳会議は1999年の第3次ASEAN＋3首脳会議で、日本側の提案によって非公式の緩やかな協議体としてスタートした。その後2002年から公式会議となり、3国間の包括的協議体となった。2003年の第5次日・中・韓首脳会議では「日・中・韓協力に関する共同宣言」を採択し、14部門に亘る協力を合意した。その後紆余曲折もあったが、2010年5月の済州島会議で「3国協力ビジョン2020」を採択し、2011年に協力事務局を韓国内に設置、2012年まで「日・中・韓FTA」の産学官共同研究完了などを含む包括的な協力を宣布した[5]。

　このような動向の中で韓国は韓・中FTA、韓・日FTA、日・中・韓FTAのうち、どれを先に進めるだろうか。これについて各FTAの経済的メリットと韓国のFTA戦略、中国および日本のFTAに対する韓国の見方を考察・展望したい。特に韓国も常に農林水産業の取り扱いでFTA推進が難航しているので、農業の観点から見ていきたい。

4　金融においては、日本が外貨危機の国々に金融支援する宮沢構想（97年150億円）新宮沢構想（98年300億円）を実施し、2000年にASEAN＋3の中央銀行が「Chiang Mai Initiative（通貨スワップ協定）」を締結した。

5　FTAとは別のスキームで2007年1月の第7次3国首脳会議で「日・中・韓間投資」交渉を合意し、同年3月第1次交渉が東京で開かれた。10年5月の3国の通商閣僚会議で、年度内の妥結を合意した。

第8章　北東アジアにおけるFTAの行方と農業

1．日・中・韓の農産物貿易

1）3国間の貿易比重の低下

　1990年代を通して増加してきた3国間の商品貿易は、2001年中国のWTO加盟以後異なる様相を呈している。総額は依然として増加しているが（中国と日・韓両国2000年1,177億ドル→2008年4,528億ドル、日本と韓・中両国1,366億ドル→3,571億ドル、韓国と中・日両国835億ドル→2,575億ドル）、各国の全世界商品貿易に占める割合は、中国の場合減少し（同期間24.8％→17.7％）日本と韓国は増加している（日本15.9％→23.1％、韓国25.1％→30.0％）[6]。つまり中国の著しい経済成長によって3国間の商品貿易は拡大しているが、中国のWTO加盟によって韓・日のウェイトが低下しつつある。

　農産物貿易においては3国共に純輸入国である[7]。日本と韓国は慢性的な純輸入国であるが（2009年日本は輸出4,281百万ドル、輸入5万9,816百万ドル、韓国は輸出4,568百万ドル、輸入1万6,501百万ドル、以下の単位は百万ドル）、中国はWTO加盟によって様相が変わってきた。加盟前まで純輸出国であったが（2000年輸出1万4,849、輸入9,431）、その後急速に輸出入が増加する中で、輸入の増加率が輸出のそれを大きく上回り、純輸入国に転じた（2009年輸出3万8,216、輸入4万6,275）。

　農産物貿易における3国間の比重低下を概観してみよう（**表8-1**）。中国は日本との農産物貿易で2009年7,141（2000年5,190）、韓国との間で2,268（2000年1,397）の黒字で、その額も増加している。中国にとって日本と韓国は重要な農産物輸出先ではあるが、WTO加盟後、韓・日の割合が急減している（全輸出額に占める対日本輸出の割合2000年36.0％→2009年19.3％、対韓国輸

6　国連のCOMTRADE（http://comtrade.un.org/bd）から作成した。なお香港とマカオは中国に含まれていない。

7　商品の名称および分類についての統一システム（Harmonized Commodity Description and Cording System＊：通称HSコード）の2桁（2 digit）分類において01～24類を農産物とみなしている。

表8-1　中国・日本・韓国の農産物貿易推移

単位：百万ドル

輸出国	年度	全輸出	輸入国			中国への主な輸出品目および金額（単位：百万USドル）	日本への主な輸出品目および金額（単位：百万USドル）	韓国への主な輸出品目および金額（単位：百万USドル）	全輸入
			中国	日本	韓国				
中国	1995	13,695		4,414	666		02類505、03類985、07類730、16類757	03類124、12類124、23類88、24類89	9,537
	2000	14,849		5,347	1,548		03類906、07類850、16類1,397、20類572	03類410、07類88、10類640、12類103	9,431
	2005	26,463		7,827	2,807		03類1,241、07類1,066、16類2,521、20類1,034	03類788、07類216、10類790、16類235	22,188
	2009	39,217		7,583	2,768		03類1,283、07類900、16類2,120、20類1,069	03類818、07類288、12類305、23類264	46,276
日本	1995	2,367	104		275	03類32、12類5、21類35、23類13		03類34、15類20、21類19、24類135	56,276
	2000	2,334	157		284	03類53、12類8、19類10、21類58		03類122、12類17、21類33、24類43	50,426
	2005	3,141	390		341	03類222、12類15、16類21、21類58		03類154、12類18、17類16、21類61	55,675
	2009	4,281	442		469	03類222、19類29、21類61、22類26		03類189、15類30、21類89、22類31	59,816
韓国	1995	3,178	123	1,925		03類63、05類9、17類19、24類16	03類909、08類115、12類143、16類236		7,814
	2000	2,935	151	1,807		03類81、05類8、17類13、19類11	03類835、07類99、16類206、22類109		8,132
	2005	3,358	331	1,437		03類97、17類80、19類45、21類31	03類520、16類130、20類111、22類146		12,099
	2009	4,509	500	1,553		03類121、17類68、19類73、21類68	03類562、16類93、20類96、22類179		16,502

資料：UN COMTRADE（http://comtrade.un.org/db）から作成
注：中国の金額には香港とマカオが含まれていない。

出割合10.6％→7.1％）。

　日本は対中国・対韓国（2000年1,523、2009年1,084）の貿易赤字であるが、対韓国の赤字額は減少している。また韓・中への輸出増（2000年対比2009年2.1倍）が全輸出増（1.8倍）を上回っており、特に対中国輸出が顕著に伸

第 8 章　北東アジアにおける FTA の行方と農業

びている。韓国から日本への輸出は2000年以後相対的に停滞している（全輸出額に占める対日本輸出のウェイト2000年61.6％→2009年34.4％）。

2）野菜と加工食品

　中国から韓・日へ輸出の多い品目を見てみよう。対日本輸出の多い品目はHSコードの03類（魚ならびに甲殻類）、07類（食用の野菜）、16類（肉、魚および甲殻類の調製品）、20類（野菜果実とその調製品）である。これら品目の対日本輸出に占める割合は安定していて（2000年69.6％、2009年70.8％）総額も増加しているが（2000年3,725→2009年5,372）、全世界輸出額に占める割合は急減している（2000年53.1％→2009年25.6％）。

　対韓国輸出の多い品目は2000年の03類、07類、10類（穀物）、12類（採油用種および各種種、飼料用植物）から、2006年には12類の代わりに16類が、2009年には03類、07類、12類、23類（食品工業の残留物および調製飼料）と入れ替わっている。またこれらの品目が対韓国輸出総額に占める割合も減少している（2000年80.2％→2005年72.3％→2009年61.0％）。つまり韓国への輸出品目は一部入れ代わりがあるものの、中国から韓・日への主な輸出品目は魚介類、食用野菜類、肉および魚介類の加工品、野菜および果実の加工品に定着している。

　日本から中国へ輸出の多い品目は03類、19類（穀物およびでん粉またはベーカリ製品）、21類（各種調製食料品）であり、対韓国のそれは03類、21類、22類（飲料アルコールおよび食酢）である。魚介類と各種調製食料品、飲料アルコールが堅調に伸びている。

　韓国から対中国輸出の多い品目は03類、17類（糖類および砂糖菓子）19類、21類で、対日本輸出のそれは03類、16類、20類、22類である。90年代半ばから対日本輸出において急増していた食用野菜類は2000年を境に急減している。

　以上考察したように魚介類の産業内貿易、中国から韓・日への野菜類を除けば、3国間の農産物貿易は加工品がメインであり、生鮮農産物の貿易がマイナーとなっている。

2．日・中FTAが韓国経済・農業に与える影響

FTAによる影響試算は一般的にGlobal Trade Analysis Projectの成果を用いて行う。GTAPでの分析手法は'演算可能な一般均衡分析（Computable General Equilibrium）'であるが、このCGEは各種前提を設けている。そのため、結果は前提次第によって大きく異なるので、結果を読む時に留意する必要がある。

1）韓・中FTAの影響

韓・中FTAは2007年3月から産学官共同研究が始まり、中国発展中心「DRC」と韓国対外経済政策研究院「以下、KIEP」が取り組んでいる。ここでは韓国で公表されている研究報告をもとに韓・中FTAの効果を見てみよう。南英淑[8]は韓・中FTAにおいて韓国側の農業部門が大きな影響を受けると予想し、既往の研究より農業部門を詳細に分析している。シナリオとして中国側の自動車および鉄鋼品目50％または90％関税撤廃、韓国側の農産物の50％または90％関税撤廃と設定し、シミュレーションを行った（表8-2）。その結果韓・中ともにGDPを上昇させるが、韓国の上昇幅が大きい。

貿易においては中国の韓国への輸出増が、韓国の中国への輸出増を上回り、中国側の経常赤字削減に役に立つことになっている。ソン・ハンキョン[9]は韓・米FTAと韓・EU FTAが妥結してことを考慮して、両FTAが発効したときに韓・中FTAの影響を計測している。シナリオは短期の関税50％または100％撤廃と長期の関税100％撤廃である。結果は南英淑より効果が小さいこととなっている。

韓・中両方の農業に対する影響を、中国が自動車と鉄鋼製品の関税を50％

8　南英淑他『韓中FTAの経済波及効果と主要争点』韓国対外経済政策研究院、2004年11月。
9　ソン・ハンキョン「韓中FTAのマクロ経済効果分析」韓日および韓中FTAセミナ資料、韓国対外経済政策研究院、2009年6月。

第 8 章　北東アジアにおける FTA の行方と農業

表8-2　中国・韓国FTAのマクロ経済効果

	マクロ指標	南 英淑 (KIEP) 短期	南 英淑 (KIEP) 長期	ソン・ハンキョン (KIEP)	DCR & 张岸元
中国	経済厚生増加(億USドル)	−	−		105.00
	GDP (%)	0.07〜0.37	0.26〜0.78		0.83
	韓国への輸出増加(億USドル)	58〜142			−
	韓国からの輸入増加(億USドル)	55〜65			−
韓国	経済厚生増加(億USドル)	−	−	13.8〜78.2	229.00
	GDP (%)	0.14〜1.28	0.45〜2.30	0.11〜1.71	1.30
	中国への輸出増加(億USドル)	55〜65			24.20
	中国からの輸入増加(億USドル)	58〜142			−

資料：南 英淑ほか［2004］　ソン・ハンキョン［2009］
注：CDR & 张岸元は南 英淑ほか［2004］から再引用した。

表8-3　中国・韓国FTAが双方の主な農林水産物に与える影響

	中国 産業(%) 短期	中国 産業(%) 長期	中国 対韓輸出(百万USドル) 短期	中国 対韓輸出(百万USドル) 長期	韓国 産業(%) 短期	韓国 産業(%) 長期	韓国 対中輸出(百万USドル) 短期	韓国 対中輸出(百万USドル) 長期
穀物類	2.53	3.20	3,354	3,362	-5.04	-4.82	5	5
畜産物	-0.15	0.47	16	16	4.31	4.89	6	6
野菜果実	0.31	0.73	122	123	-0.02	0.10	1	1
その他農産物	-0.85	-0.05	795	793	3.26	3.64	1	1
加工食品	0.48	1.35	1,434	1,438	11.39	12.10	113	114
製糖	-2.35	-2.29	0	0	10.05	10.91	10	10
林産物	-0.96	0.19	1	1	0.03	0.85	0	0
水産物	0.26	0.55	85	86	0.48	0.81	10	10

資料：南英淑ほか［2004］

削減し、韓国が農産物の関税を50％削減するというシナリオで見てみよう（**表8-3**）。最も影響の大きい農林水産物は穀物類である。韓・中FTAは中国の穀物生産を促し、対韓輸出を増加させる効果をもたらすが、韓国にとっては生産縮小をもたらす。穀物類は分析が行われた時点で、韓国農業生産の約35％を占めており、関税率も高く（約169％）、国内市場開放度も低い（開放度10％）。よって韓国内では穀物類を韓・中FTA時の最大のセンシティブ品目と認識している[10]。その上、①中国東北3省の農業は韓国農業と生産および消費において類似しているため、韓国農産物市場シェアを中国は容易に占められる、②中国の価格競争力が韓国のそれを大きく上回る、③地理的に近

10　イ・チャンジェ他『2004年韓中日FTA共同研究総括報告書』韓国対外経済政策研究院、2004年。

いため、輸出過程において鮮度保持が容易である④中国農業が膨大であるため、予想もできないほど影響する恐れがあると農業部門のマイナス影響を懸念されている。しかし、加工食品をはじめ、畜産物や水産物は双方の生産および輸出入が増加をもたらすので、産業内交易の可能性がある。

2）韓・日FTAの経済的効果

韓・日FTAは1998年7月に民間共同研究が合意され、2003年10月に報告書を提示している（表8-4）。これによれば、貿易創出および多様化による影響を試算する短期において、KIEPは韓国の経済厚生とGDPが"負"になると試算したのに対してアジア経済研究所（以下、IDE）は"正"と試算している。その他のマクロ指標については、影響の大きさこそ異なるものの、両方が一致している。同時期に行われた研究として堤雅彦ほか[11]がある。彼らは'労働を含む資源は国際間に十分移動可能'と前提し、日本・シンガポール・韓国のFTA効果を計測している。それによれば、韓・日にそれぞれ経済厚生は9,626百万ドルと2万1,779百万ドル、GDPは0.14％と6.33％の影響を及ぼすと試算している。前掲の岡本信弘も韓・日FTAの日本および韓国のGDPに与える影響を0.00％と－0.09％（いずれも2015年）と予測している。

表8-4　日本・韓国FTAのマクロ経済効果

	マクロ指標	短期		長期	
		KIEP	IDE	KIEP	IDE
日本	経済厚生変化（％）	0.14	0.03	—	9.29
	GDP変化（％）	0.04	0.00	—	10.44
	韓国との貿易収支（百万US$）	60.90	38.85	—	24.60
	全貿易収支（百万US$）	—	54.79	—	182.00
韓国	経済厚生変化（％）	－0.19	0.34	11.43	7.90
	GDP変化（％）	－0.07	0.06	2.88	8.67
	日本との貿易収支（百万US$）	－60.90	－38.85	－4.40	－24.60
	全貿易収支（百万US$）	－15.43	－2.70	30.14	408.00

資料：Joint Study Group Report, Japan-Korea Free Trade Agreement, Oct. 2003.
注：IDEは資本の自由移動を想定し、KIEPは制約的資本移動を想定して計測している。

11　堤雅彦・清田耕造「日本を巡る自由化貿易協定の効果：CGEモデルによる分析」Discussion Paper77、日本経済研究センター JCER、2002年2月。

第8章　北東アジアにおけるFTAの行方と農業

表8-5　日本・韓国FTAが韓国の主な農産物に与える影響

単位：%

	国内生産	輸出		輸入	
		全体	日本へ	全体	日本から
野菜	1.51	21.04	26.79	33.00	7.21
果実	1.76	26.80	36.21	31.10	65.12
花卉	1.28	6.26	25.79	19.16	-11.78
牛肉	4.57	-3.04	-3.04	28.54	-
豚肉	1.61	-	-	24.03	-
家禽類	3.33	2.19	51.45	26.24	-
加工肉	2.72	12.46	78.20	26.84	11.69
たばこ	3.27	-3.03	917.59	19.86	-24.94
飲料	1.55	17.58	97.68	24.75	28.21

資料：シン・ドンチュンほか［2001］から作成。

　また、近年の韓・米FTAと韓・EU FTAが妥結してことを受けて、両FTAが発効したときに韓・日FTAの韓国経済に与える影響を試算しているものとしてキム・ハンソン[12]がある。両FTAが発効してから韓・日FTAが発効するとき、韓・日ともに農林水産品および工業製品の関税を50％削減または100％撤廃した場合を試算した。その結果は実質GDP上昇率0.05〜0.70％、経済厚生増加率0.03〜0.53％である。

　シン・ドンチュンほか[13]は韓・日FTAが韓国農業へ与える影響を試算し、韓国の農業部門付加価値が14％増加すると予測した。これに比して前掲のキム・ハンソンは−0.04％〜4.93％と試算した。つまり、10年前と状況が大きく変わった現時点での韓・日FTAが韓国農業にもたらす効果はかなり限定的である。よって品目ごとに影響を計測したシン ドンチュンほかの結果（**表8-5**）を読むときに注意が必要である。特にその時点では野菜を中心とする園芸作物の日本輸出が急増していた（2000年195百万USドル→2004年242百万USドル）。また、金額は小さいが野菜（2004年22百万USドル）と果実（2004年18百万USドル）は日本から韓国への輸出増加も期待できる。

12　キム・ハンソン「韓日FTAのマクロ経済効果分析」韓日および韓中FTA次セミナ資料、韓国対外経済政策研究院、2009年6月。
13　シン・ドンチュン他『韓・日FTA締結の波及効果分析のためのCGEモデル開発』韓国農村経済研究院、2001年12月。

3）日・中・韓FTAの経済的効果

　日・中・韓FTAは日・中・韓の研究機関が2001年から研究をはじめ、2012年までに産学官共同研究を完了することとなっている。経済効果についてはすでに日本と韓国で公表されている（**表8-6**）。安部一知[14]は長期の資本蓄積効果を反映した、3国間の関税0％を想定している。経済厚生増加額が最も大きいのは日本であるが、経済の規模を考慮すると、韓国に最も大きい効果があるといえる。パック・スンチャン[15]は農業および製造業は完全自由化（関税0％）と想定し、短期と長期、サービス業の非開放と50％削減についてシミュレーションした。**表8-6**はサービス業の貿易障害50％削減の結果である。同じ長期の効果を比較して見れば、韓国の輸入変化を除けば、安部一知の計測より効果が大きいこととなっている。また、安部一知と同様に韓国にもっと大きな効果をもたらす。

表8-6　中国・日本・韓国FTAのマクロ経済効果

単位：％

国	マクロ指標	安部一知（NIRA）長期	パック・スンチャン（KIEP) 短期	パック・スンチャン（KIEP) 長期
中国	経済厚生増加	6,294（百万USドル）	0.21	0.69
	GDP変化	0.83	0.95	1.54
	輸出変化	10.50	11.94	12.18
	輸入変化	14.21	15.52	16.28
日本	経済厚生増加	20,374（百万USドル）	0.21	0.28
	GDP変化	0.41	1.12	1.21
	輸出変化	4.77	5.07	5.19
	輸入変化	6.71	5.70	5.82
韓国	経済厚生増加	15,147（百万USドル）	1.94	3.45
	GDP変化	3.99	3.54	5.14
	輸出変化	9.77	8.07	9.77
	輸入変化	12.69	8.84	10.62

資料：安部一知［2008］、パック・スンチャン［2005］から作成。

14　安部一知「日・韓・中FTAの経済効果」安部一知ほか編『日・韓・中FTA－その意義と課題－』日本経済評論社、2008年。
15　パック・スンチャン「第3章韓中日FTAのマクロ経済波及効果」『韓中日FTAの経済的波及効果および対応戦略』KIEP、2005年。

第8章　北東アジアにおけるFTAの行方と農業

表8-7　中国・日本・韓国FTAが韓国農産物の対中・対日交易に与える影響

単位：百万USドル

区分	中国			日本		
	輸出増加	輸入増加	貿易収支変化	輸出増加	輸入増加	貿易収支変化
第1部(生きている動物,動物性生産品)	29.2	297.2	−268	38.3	14.5	23.8
第2部(植物性生産品)	100.3	576.4	−476.1	87.2	67.0	20.2
第3部(動物性植物性油脂など)	11.6	26.9	−15.3	7.4	25.6	−18.2
第4部(調製食料品、飲料など)	315.9	1002.4	−686.5	445.9	616.4	−170.5
合計	457.0	1902.9	−1445.9	578.8	723.5	−144.7

資料：イ・チャンジェ［2004］から作成。

　前掲のイ・チャンジェ他（注10参照）は韓国農村経済研究院のモデル（KREI-ASMO）を使い、韓・中・日FTAが韓国農業へ与える影響を試算している。彼らは米のミニマムアクセスにするケース、関税化するケースに分けて試算した。米の関税化による農業所得は−9.7％〜−38.9％と大きく減少すると予測された（うち、米所得＋6.7％〜−73.4％、米以外の所得−18.0％〜−21.0％）。また、中・日両国との農産物貿易については、関税が完全に撤廃された場合に現在の生産能力で最大増加輸出入額を試算した（表8-7）。中国への輸出増加額は4億5,700万ドルであるが、輸入増加額は19億300万ドルとなり、農産物貿易赤字はさらに拡大する。輸入が大幅に増加する品目は02類（肉類）246万ドル、10類（穀物）313万ドル、21類（調製食料品）283万ドル、24類たばこ233万ドルである。

3．日・中・韓のFTA戦略の特徴

　経済的要因がFTAにもっとも影響するが、FTAが外交戦略の手段として使われることもある。北東アジアにおいて韓国のFTAを展望する際、韓国がどのような戦略をもっていて、そのパートナーの中国や日本の戦略について如何に認識しているか、を考察する必要がある。以下では韓国の対外経済際策のシンクタンクであるKIEPの報告書を整理してみよう。

1）韓国のFTA戦略

　貿易依存度が高い韓国にとって、世界経済のブロック化に乗り遅れることは、経済成長の制限となることを意味する。つまり"海外需要の落ち込みが経済成長の頭打ちになる"という認識があった。韓国政府は1988年にFTAを推進するため、既存の外務部（Ministry of Foreign Affair）を外交通商部（Ministry of Foreign Affair and Trading）に改組した。その中に「通商交渉本部」が新設され、通商に関わる国内の諸部庁（省庁）間の意見を総括して交渉に当たらせている[16]。

　外交通商部のFTAに対する公式見解については第2章で詳しく分析しているので、ここでは言及しないが、昨今の政治・経済の状況を見ると、次を見据えた新たな戦略提言が必要な時期に直面していることは確かである。キム・フンジョン[17]は「その間、わが国FTAは品目別・地域別に偏っていた。その問題点が最も深刻に現れるのは、地域別・国別通商戦略においてである。また、FTAが他の通商戦略と有機的関係ではなかった」と指摘し、次のような通商戦略を提示している。

(1) 既存のFTA戦略をより強化する。
(2) 国別・地域別に通商戦略の有効性を再確認し、相手国との経済協力の手段としてFTAを活用する。
(3) 2国間の交渉においてFTAのみならず、拘束力のより緩い経済協調協定（Cooperation Agreement）を導入する。
(4) 非関税障壁により関心を持つ。
(5) FTAの原産地規定を調和させる（Harmonize）。
(6) 企業の直接投資を促進するために投資保護を充実する。
(7) エネルギー安保の強化、省エネ先進国との協調を図る。

16　FTA推進体制については、姜暻求・柳京熙「米韓FTAにおける農業保護から自由化への転換に関する研究」南九州大学研究報告第38B号、pp.1-18、2008年4月を参照。
17　キム・フンジョン他『韓国の主要国・地域別中長期通商戦：総括報告書』2007年1月。

(8) 規模・質の両面において海外援助を強化する。

としている。

2）中国のFTA戦略

　改革開放直後の1980年代、東アジア経済は日・米が中心をなしていたため、中国の対外経済は「双務間かつ小地域間の経済協力」が中心であった。例えば、それぞれの沿岸地域が珠江－香港、福建－台湾、山東・遼寧－韓国、長江－日本、海南－ASEANのように特定の外国と中心的に交易した。これは経済特区の設置による経済発展の模索であって、2国間または多国間の経済戦略ではなかった。しかし、1989年の東ヨーロッパおよび1990年のソ連崩壊の後、鄧小平の「南巡講話」を契機に開放改革をいっそう本格化した。唯一の超大国アメリカによる経済協力（engagement）と外交的牽制（containment）に対応して「外部に実力を自慢せず内部で育てる（韜光養晦）」戦略をとりながら、一方では日・米と経済交流の拡大を図り、他方ではシンガポール、インドネシア、ブルネイ、ベトナム、韓国と国交正常化し、1991年APECに加入した。このような消極的地域戦略は、1997年のアジア外貨危機を転機に大きく変わるようになる。中国は内需拡大と外貨危機国へのドル支援で域内での位相をあげ、特にASEANと経済協力を強化してきた。2000年シンガポールで開かれたASEAN＋3会議において、中国は中国・ASEAN FTA（以下ACFTA）を提案し、ASEANとのFTAにおいて日本や韓国をリードするようになった[18]。域外においてはSACU、EU、MERCOSURなど北米を除く

18　中国はASEANと商品→サービス→投資の順にFTAを締結し、日本や韓国もこの順にASEANと交渉を進めることになった。

広範囲に及んでいる[19]。

このような中国のFTAの動きについて韓国における中国研究者はどのようにみているか。イ・ジャンキュ[20]は「どの国もFTAの推進によって経済的・安保的・国際秩序の利益を追求する」としながら、中国のFTA戦略を外交・安保的側面と経済的側面に分けて整理している。外交面について「2000年代になって従来の消極的な「韜光養晦」から積極的な「責任と役割を果たす（有所作爲）」、「和平堀起」さらに「多方面において相互に調和する外交（和諧外交）」へと転換している。東アジアにはアメリカ中心の「アジア太平洋主義」、ASEAN10の「ASEAN-ISM」、中国と日本が競っている「東亜主義」があるが、中国は東アジアのリーダーに浮上するために域内のFTAを主導している」と分析している。また、経済面については「中国は貿易大国（資源消耗的・貿易摩擦深化・国際競争力向上の低迷）から貿易強国（海外資源確保・貿易摩擦回避（米・中）、国際分業上の地位向上）へ転換を図る手段としてFTAを活用する」また「FTAを企業の海外進出を奨励する（走出去）と連携させて、とくに中国が資本と技術において優位にある途上国への進出を奨励している」と分析している。

ジョ・ヒョンジュン[21]は「中国の地域戦略は北東アジア、ASEAN、南アジア、湾岸協力会議（Gulf Cooperation Council）、SCO（Shanghai Cooperation

---

19 改革開放から1990年代までの中国の対外戦略については次を参照した。ジョ・ヒョンジュン「中国の域内経済協力の方向転換と我々の政策方向」イ・ジャンキュ編著『中国の浮上に伴う韓国の国家戦略研究Ⅰ』韓国対外経済研究院、pp.859-896、2009年8月。ジョ・ヨンナム「中国の浮上と韓国の対応：政治外交部門対中国国家戦略総括研究」イ・ジャンキュ編著、同書pp.36-45。エレイン・S. クェエイ「中国の二国家間貿易主義：依然として政治主導」浦田修次郎ほか監訳『FTAの政治経済分析』文眞堂、pp.131-156、2010年6月。
20 イ・ジャンキュ他『中国のFTA推進戦略と政策的示唆点』韓国対外経済政策研究院、2006年11月。
21 ジョ・ヒョンジュン、前掲書、2009年8月。

第 8 章　北東アジアにおける FTA の行方と農業

Organization)[22]などの経済統合を通じて、最終的には中国を中心とするユーラシア大陸の経済圏を形成し、EUと米国とともに世界の 3 大軸をなすことである。「和諧外交」とはアメリカ外交と異なる価値観であることを世界に伝えながら、同時多発的・全方位的FTAを推進している。FTA推進対象国を選ぶとき、資源が豊富な国、地理的に隣接した国、開発途上国を優先している」と、中国の地域およびFTA戦略はより大きな世界構想の中間過程、と論じている。

以上から中国の地域およびFTA戦略に対する韓国側の見解を大きい順から並べると次のようにまとめられる。

(1) ユーラシア（Eurasia）経済圏を形成し、世界 3 大経済軸の一角を担う
(2) 東アジアにおいて政治的主導権を取り、地域リーダーとなる。つまり、アジア域内での政治・安保を重視している。
(3) 中国企業の対外直接投資と連携して資源を確保する。
(4) 通商摩擦を回避しながら、輸出市場を確保する。
(5) 国内地域開発と連携させる。

3）日本のFTA戦略

日本は基本的にWTOのような地球規模の多国間貿易協定に重みをおき、地域または二者間のFTAには消極的であったといわれている[23]。そのなかで経済産業省（旧通産省）はFTA戦略としてアジア域内優先、資源確保の重視、長期的に東アジア共同体（East Asia Community）構想の実現を標榜している。

22　SCOは中国が主導し2001年 6 月に 6 会員国（カザフスタン、キルギス、ロシア、タジキスタン、ウズベキスタン）が相互信頼と利益、平等、文化の多様性への尊重などを標榜して発足した国間の協力機構である。現在 4 つのオブザーバー国（インド、イラン、パキスタン、モンゴル）と 2 つの対話パートナー国（ベラルーシ、スリランカ）が参加している。
23　T. J. ペンペル・浦田秀次郎「第 4 章日本：二国間貿易協定へ向けての新しい動き」ヴィヨード・K. アガワリ、浦田秀次郎編『FTAの政治経済分析－アジア太平洋地域の二国間貿易主義－』文眞堂、2010年。

このような日本の戦略を、韓・日FTA交渉が開始した時点で出された報告書[24]では「WTOを補完しながら日本経済の再活性化という観点から推進している」と捉えていた。そしてアジア地域では「日本企業の市場進入を容易にし、貿易・投資の機会を拡大する。特に中国のWTO加盟は脅威と機会（チャンス）であり、中華圏経済を含む多角的貿易構造を模索している。中・日FTAは日本にとって経済的利益は大きいが、中国に対する政治的不信感と東アジアでの主導権喪失を懸念している。しかし日本の対アジアFTAは最終的に中国とのFTAに焦点を置くだろう」と見ていた。

　最近の報告書[25]では「中国を脅威と捉え、それに対抗するようにASEAN＋3、またはASEAN＋6、アメリカを配慮したAPEC重視など、日本の地域構想は混沌している。日本のFTAには特徴があり、それは、①商品部門では農産物市場保護のために非対称的FTA（既締結：日本の譲許水準87％〜94％、相手国97％〜100％）、②投資およびサービス部門では規範を強調である」と述べている。

4．東アジアを取り巻く新たな政治・経済の動向

1）韓・日FTAの必要性

　筆者は『JA総研レポート』（2008年秋号/vol.7、社団法人JA総合研究所）の研究レポート「アジア米安定供給システム構築のために－日・韓の連携・協力の仕組みづくり－」において、早急に日・韓のFTAを結ぶべきであるとして、以下のような根拠を提示した（詳しいことは〈上記『JA総研レポート』〉参照のこと）。簡単にまとめると、

　(1)　アジアの政治・経済体制から見ると、日本主導の枠組み作りが困難であるために、まず韓国との連携を図ったうえで、そこから対東アジア・中国

24　李鴻培他『日本の通商政策変化と韓国の対応法案：FTA政策を中心に』韓国対外経済政策研究院、2003年。

25　キム・ジョンゴル「第18章日本経済の対外構想と韓国の対応」イ・ジャンキュ編著前掲書、2009年。

第8章　北東アジアにおけるFTAの行方と農業

へと拡大していくことが戦略的に望まれる。

(2) また日・韓両国民は食品の安全性や食料安保への意識が高いなどの共通点が多いために、両国での食糧備蓄構想（アジア米備蓄安定供給システムの前段階として）を含めた制度作りを目指すことも可能だろう。とくに北朝鮮問題を抱えている韓国にとっても、日本の協力は必要であり、お互いにメリットがある。

(3) 農業に限っていえば、食品の安全性を確保できる高いレベルでの共通のルール作りを目指すべきである。こうした共通のルールができれば、日・韓共に、今後の東アジアにおけるFTAなどの交渉においても1つのモデルを提示できるというものである。

以上のような考え方は今も変わらず、増して以前より強くそう思うようになっている。その理由としては、本来政治的色彩を排除した形で、自由貿易を目指すWTO体制の補完的性格として始まったFTAの推進が、欧米に遅れながらも今やまさに政治的色彩（東アジア共同体の前段階として）をいつよりも強く帯びるようになっているからである。

筆者はその本格的な発端となった出来事が、2010年6月29日（現地時間）に中国と台湾で締結された経済協力基本協定（ECFA：Economic Cooperation Framework Agreement）であると考える。早速、日本から大きな反響があり、2010年8月6日付の日本経済新聞には「アジアFTA中台が軸」、「日本戦略見直しも」という見出しが躍った。記事によれば「日・韓・中3カ国のFTAの実現をめざしてきた日本は戦略の見直しを迫られる可能性もある」としているが、筆者個人としては、果たして日本が本気で日・韓・中のFTAを目指していたとは到底考えられない。なぜなら、中台の経済協力の実現を前にして、日本は対韓、対中にしても、中途半端な対応しかして来なかったからである。

2）日・中・韓FTA戦略の「実」と「虚」

表8-8は、これまでの日・韓・中のFTA推進過程をまとめているが、以下

219

表8-8　中国・日本・韓国FTA/EPAの現状

	相手国名	現況	備考
中国	ホンコン	03年6月締結	CEPA（注）、品目別関税削減、サービス市場の漸進的開放
	マカオ	03年10月締結	CEPA、品目別関税削減
	ASEAN（※）	04年10月商品交渉妥結	6ヶ国とFTA、品目別関税削減、投資部門妥結（※）東南アジア諸国連合
	チリ	05年11月商品交渉妥結	FTA、サービス部門妥結
	パキスタン	06年11月締結	FTA、サービス部門（08年9月第4次交渉）
	ニュージーランド	08年4月締結	FTA、サービス部門（08年9月第4次交渉）
	シンガポール	08年10月締結	FTA
	ペルー	08年11月締結	FTA
	GCC（※）	04年4月交渉開始	FTA、Gulf Cooperation Council（※）湾岸アラブ諸国協力会議
	オーストラリア	05年5月交渉開始	FTA、08年12月第13次交渉
	EU	07年1月交渉宣言	PCA、22分野の包括的交渉
	アイスランド	07年4月交渉開始	FTA、08年4月第4次交渉
	コスタリカ	09年1月交渉開始	FTA
	SACU（※）	08年12月共同研究合意	（※）南部アフリカ関税同盟
	韓国	06年11月共同研究合意	FTA、08年6月第5次共同研究開催
	インド	08年10月共同研究終了	FTA
	MERCOSUR（※）	2009/7/1 TA	南米南部関税同盟、貿易協定推進協議MOU締結
日本	シンガポール	02年1月締結	EPA、07年3月一部改正
	メキシコ	04年9月締結	EPA
	マレーシア	05年12月締結	EPA
	フィリピン	06年9月締結	EPA、日本の労働市場一部開放（看護士）
	チリ	07年3月締結	EAP
	タイ	07年4月締結	EPA
	ブルネイ	07年6月締結	EPA、最短6ヶ月で妥結、安定的エネルギー供給
	インドネシア	07年8月締結	EPA、日本の労働市場一部開放（介護士）
	ASEAN	08年4月締結	EPA、シンガポール、ラオス、ベトナム、ミャンマー、ブルネイ、マレーシア
	ベトナム	08年12月締結	EAP
	スイス	09年2月締結	EPA
	韓国	03年12月交渉開始	EPA、交渉中断5年、韓国の対日貿易赤字拡大が懸念材料
	GCC	06年9月交渉開始	EPA、Gulf Cooperation Council
	インド	07年2月交渉開始	EPA、08年12月第11次交渉
	オーストラリア	07年4月交渉開始	EPA、09年11月第10次交渉、日本の農産物市場開放が争点
	カナダ	06年4月共同研究終了	
	ニュージーランド	08年5月共同研究合意	EPA、日本の農産物市場開放がネック
	EUおよびアメリカ	08年7月民間研究報告	財界の要望が強い
韓国	チリ	03年2月締結	FTA、04年4月発効、08年10月まで13回協議
	シンガポール	05年4月締結	FTA、06年3月発効、09年1月まで5回協議
	EFAT（※）	05年12月締結	FTA、06年9月発効、08年5月まで1回協議（※）欧州自由貿易連合
	ASEAN	05年12月基本協定締結	CEPA、06年8月・07年11月・09年6月商品・サービス・投資協定
	インド	09年8月締結	CEPA
	アメリカ	2010年12月最終締結	FTA
	EU	2010年10月妥結	FTA
	カナダ	05年7月交渉開始	FTA、08年3月第13次交渉
	メキシコ	07年12月交渉開始	FTA、08年6月第2次交渉
	GCC	08年7月交渉開始	FTA、09年3月第2次交渉
	オーストラリア	09年5月交渉開始	FTA、09年8月第2次交渉
	ニュージーランド	09年6月交渉開始	FTA
	ペルー	09年3月交渉開始	FTA、09年10月第4次交渉
	コロンビア	09年12月交渉開始	FTA
	日本	03年12月交渉開始	FTA/EPA、04年11月第6次交渉後中断、09年12月題4次実務協議
	中国	07年3月共同研究開始	FTA、08年6月第5次共同研究
	日・中・韓	09年10月共同研究合意	FTA、10年上半期中に共同研究開始合意
	MERCOSUR	09年7月覚書署名	貿易と投資促進に関する覚書
	トルコ	09年5月共同研究完了	FTA
	ロシア	09年7月共同研究2次	BEPA、共同研究第2次会議
	イスラエル	09年8月共同研究開始	FTA

資料：1）韓国国際貿易研究院『2009年世界主要国RTA推進展望』2009年4月．
　　　2）http://www.mofa.go.jp/mofaj/gaiko/fta/
　　　3）http://www.fta.go.kr/
　注：CEPAとはCloser Economic Partnership Arrangement/の略．経済連携緊密化協定．

第8章　北東アジアにおけるFTAの行方と農業

では表8-1に基づいて説明を行いたい。

　まず中国のFTA戦略を見ると、アジア域内での政治・安保を重視（とくにASEAN）する立場を鮮明にしているのに対し、日本は長期的にEast Asia Communities構想を実現（実質的には資源およびアジアでのinitiative確保で中国と対抗する意味合いが強い）するとし、中国へのけん制策として、EPAの締結国をアジアの国に集中させてきた経緯がある。しかし今回の中台の経済締結によって、日本は中国より一歩遅れることになる。なぜならこれまで経済成長を優先としてFTAを進めてきた韓国にとって、もはやFTAは経済成長論理よりも政治的力学の世界に足を引っ張られるようになったからである。なぜなら韓国のFTA戦略は当初から政治的色彩が薄く、推進当初から経済成長を優先するということであった。さらにその手法は同時多発的に巨大経済圏（米国、EU、中国、日本とインド）との包括的（商品、サービス、投資、政府調達、知的財産権、技術標準）なFTA（日本のEPAに近い考え）を推進することであって、結果的には国内の農業生産を諦めるような、米国とのFTAも締結した経緯がある。したがって、中国や韓国のFTA推進は日本より遥かに早いスピードで進められている実情がある。したがって、中台の経済協力によって韓・中のFTA締結の可能性は日本のそれより遥かに高くなっている。なぜなら中台の経済協力により、韓国が最も経済的損失をも被るからである。

　韓国の商工会議所の緊急アンケート結果（2010年7月16～23日、製造業615社）によれば、45.6％が韓国企業に不利であると答えている（26.3％（影響なし）、28.1（肯定的））が、韓国の輸出品目のうち、対中国輸出が5割を占めている石油化学産業は3年以内に段階的に関税が撤廃される早期収穫品目に入ったために、今後大きな損失が予想される。またLCD（Liquid Crystal Display、液晶ディスプレー）は早期収穫品目に入らないために、大きな影響はないと言われているが、追加交渉で入る可能性があるために、油断は許せない状況である。いずれにしても韓国は中国へ工場移転を含め、その対応策を考えないといけない状況である。

中台経済協力による中国や台湾の思惑や長期的戦略はここで論じないが、明らかに韓国にとって経済損失を被ることになり、北朝鮮との政治的緊張関係を改善するためにも、韓国の中国への政治・経済的依存関係は深くならざるを得ない状況である。

　今後、韓国に有利な政治・経済環境を導くためには、中国と一層の経済協力関係が必要となり、対中国FTAは思うより早い段階で実現される可能性がある。とくに2012年には韓・中国交正常化20年、また李明博政権が終了する節目の年であるために、ここ１～２年は目を離せない。

５．北東アジアのFTAの行方

　韓国は経済の地域統合に遅れながら、韓・チリFTA以後、経済成長を優先して積極的に巨大経済圏とのFTAを推進している。その過程で生じる農業へのダメージを国内農業政策で補おうとしている。しかし、最も地理的に近い巨大経済国の日本や中国とは未だに締結していない。

　韓・日FTAは早い段階で進められたが、当時の試算ではマクロ経済への効果は大きかったものの、貿易赤字はさらに拡大することが予測された。農業部門ではプラス効果と貿易黒字の拡大が期待されていたが、双方が妥結に至らず、韓国の政権（金大中政権から盧武鉉政権へ）が変わり、米国やEUへ対象が移っていった。その後、政権は李明博政権へ変わり、日本とのFTAが再浮上したが、最近の試算ではマクロ経済効果も農業部門も当時より効果が小さくなっている[26]。その上、産業界（特に工業界）の懸念もまだ強く残っている。他方、農業部門と双方のFTA戦略においては大きな問題がない。農林水産物の日本への輸出はすでに減少傾向にあるし、その３割が水産物である。しかし、日本は韓国とは2004年に交渉が中断しており、やっと2009年に５年ぶりに実務協議が開始されているが、進捗はほとんど見られ

26　2003年の試算（GDP変化率 －0.17～2.8％、経済厚生変化 －0.19～11.43％）、2009年の試算（GDP変化率0.05～0.70％、経済厚生変化0.03～0.53％）

第8章　北東アジアにおけるFTAの行方と農業

ない。韓国の対日貿易赤字拡大が懸念材料（表向きの理由である日本の農産物市場の開放を含めて）であるために、日本の大幅な譲歩がない限り実現可能性は低くなりつつある。

　韓・中FTAはスタートが遅かった。現在の黒字貿易収支は長期的に赤字に変わるが、マクロ経済効果は韓・日FTAのそれより大きい。また、双方の大方の戦略においては問題がない。韓国はすでに中国を市場経済と認めているものの、非関税障壁と企業の直接投資に重視しているため、中国がこれにどれほど応えられるかが問題となる。もっとも大きな壁は農業部門である。近年、中国から韓国への農林水産物輸出は落ち着いているが、韓国の穀物（特に米）生産にダメージを与えかねない。

　しかしながら韓・中FTAは共同研究が終了しており、双方に利益となることをすでに確認済みである。ただ、韓国農業にダメージを与えることも分かっているが、米国とのFTA締結の経験や、中国側の譲歩次第によっては政治的決着が図られる可能性が高いうえ、お互いの政治体制からみて政治的判断にはそれほど時間を要しないために、日本の交渉よりは早く決着する可能性が高い。

　以上のことを総合すれば、農業部門はFTA締結に影響を受けるが、その問題の大きさは経済成長の促進や貿易摩擦の解消より優先順位が小さくなってきている。こうした傾向やそれぞれの政治・経済体制から見れば、日・韓・中FTAのうち、韓・中FTAが先に締結され、次が韓・日FTA（EPA）へ、最後に日・韓・中FTAまたはASEAN＋3へ進む、と予想される。いずれにしても、先延ばしすればするほど農業等についても不利な条件（むしろ農業部門を有効的に活用できない）を飲む結果となり、日本は対アジアにおいて苦しい立場に追い込まれる可能性が高い。

[参考・引用文献]

安部一知「日・韓・中FTAの経済効果」安部一知ほか編『日・韓・中FTA－その意義と課題－』日本経済評論社、2008年。

223

李鴻培他『日本の通商政策変化と韓国の対応法案：FTA政策を中心に』韓国対外経済政策研究院、2003年。
イ・ジャンキュ他『中国のFTA推進戦略と政策的示唆点』韓国対外経済政策研究院、2006年11月。
イ・チャンジェ他『2004年韓中日FTA共同研究総括報告書』韓国対外経済政策研究院、2004年。
エレイン・S. クェエイ「中国の二国家間貿易主義：依然として政治主導」浦田修次郎ほか監訳『FTAの政治経済分析』文眞堂、2010年6月。
姜暎求・柳京熙「米韓FTAにおける農業保護から自由化への転換に関する研究」南九州大学研究報告第38B号、pp.1-18、2008年4月。
キム・ハンソン「韓日FTAのマクロ経済効果分析」韓日および韓中FTAセミナー資料、韓国対外経済政策研究院、2009年6月。
キム・フンジョン他『韓国の主要国・地域別中長期通商戦：総括報告書』2007年1月。
シン・ドンチュン他『韓・日FTA締結の波及効果分析のためのCGEモデル開発』韓国農村経済研究院、2001年12月。
ソン・ハンキョン「韓中FTAのマクロ経済効果分析」韓日および韓中FTAセミナー資料、韓国対外経済政策研究院、2009年6月。
パック・スンチャン「第3章　韓中日FTAのマクロ経済波及効果」『韓中日FTAの経済的波及効果および対応戦略』韓国対外経済政策研究院、2005年。
南英淑他『韓中FTAの経済波及効果と主要争点』韓国対外経済政策研究院、2004年11月。
T. J. ペンペル・浦田秀次郎「第4章日本：二国間貿易協定へ向けての新しい動き」ヴィヨード・K. アガワリ、浦田秀次郎編『FTAの政治経済分析－アジア太平洋地域の二国間貿易主義－』文眞堂、2010年。

終章
総括と展望

1．総括

　本書は韓国の農業政策の展開過程とそれによって変化しつつある農業構造分析を通して、農業政策と農業構造の有機的な関連について考察を行った。また市場自由化の新たな展開過程であるFTAに注目し、国内農業を犠牲にしながらFTAを推し進めている韓国の政治・経済的な特徴についても明らかにした。

　韓国は1990年代から農産物自由化を控えて、本格的な農業構造改善事業を行った。農業構造改善事業の特徴は、一貫して農業を産業として捉え、資源の効率的な配分に大きな力を注いできた。それが最も典型的には「専業農」政策として現れ、競争力強化と卸売市場の整備、さらには輸出促進に代表される今日の韓国農政を形作った。その基礎は金泳三（キム・ヨンサム）政権のときに策定された農業政策であり、その後の政治体制の変化などで多少の変化はあったものの、農政の基調はほとんど変わってないと考えている。その後、与野党が逆転する政権交代があり、金大中（キム・デジュン）政権、盧武鉉（ノ・ムヒョン）政権と続く時代の農政としては、前代の金泳三（キム・ヨンサム）政権時代の農政の反省として、産業としての農業という考えから政権基盤である農村部への一定の政治的配慮から、親環境農業（有機農業）政策の推進、直接支払い、「クオリティ・オブ・ライフ（Quality of life）」などハード事業の抑止と福祉重視への支援策を講じた。

しかしながら、農業生産構造改善政策においては稲作の専業農育成に代表されるように、一定農家層だけに支援を集中しその他への支援を制限する政策を一貫して推し進めた。他に、輸出拡大、FTA推進など、新自由主義経済体制に進むために必要な国内農業の再編を一層加速化した。したがって金政権および盧政権（この２政権の10年間、与党は同じ政党）の評価をここで詳しく論じる必要性はないが、個別的な政策は別にして、総合的に見ると極めて新自由主義的農業改革といわざるをえない。それは金・盧政権の下で、韓・チリFTAを皮切りに韓・米FTAに至るまでほとんどのFTA締結を完了したことからもいえる。このことは、いくら農業・農村への政策的配慮を講じたといえ、根本的な方向転換まではできず、農業を犠牲にしても経済発展を優先させるという明確な政治的判断があったことを示している。さらに経済政策そのものがFTAへの参加を強く志向しており、いくら個別的に政策的配慮をみせたとしてもすでに、全体の経済政策と、個別の農業政策などとは整合性が取れない状況にまで至っていた。したがってほとんどの政策手段は一時的な財政支出によるその場限りの対応でしかなかったと言える。それは金・盧政権発足当初から標榜していた公正な所得再分配への意気込みは、FTAを遂行するための一時的な世論対策に過ぎなかったとも言える。それは第１章で考察した韓国の農業構造から見ても、国内農業はFTA締結と関連づけるまでもなく、すでにWTO体制下で自由化が進み、あらゆる保護政策が如何に無力であったかがよく分かったのではなかろうか。韓・米FTA、韓・EU FTAによって大きな影響を受けると予想されている畜産部門においては輸入の増大を切り離して考えることはできないにしても、しばしば起きている国内需給問題、またそれによってますます脆弱している国内生産基盤のもろさからも、筆者の個人的な見解として述べるなら、韓国農業はFTAの影響を受ける前に国内生産基盤が崩れる可能性が十分に潜在していると考える。

　また韓・米FTAにおいて克明に現れたように、韓・米FTAの交渉内容とは別に、BSE（牛海綿状脳症）問題で輸入が禁じられた米国産牛肉の輸入を

終章　総括と展望

韓国政府が口頭で認めてしまったこと、またその内容が国民の健康を担保にし、見方によってはそれを軽視してまでも行おうとしたものであったことは、変則的な方法によって国際的なルールであってもそれが国家間の力関係でいつでも変えられてしまう可能性があることを示唆している。

　さらに韓・チリFTAへの対応からも分かるように、一時避難的に行われている財政支出だけでは国内農業は守れない。本書で確認したように、韓・チリFTA発効以降、最近まで農産物輸入が3倍以上に急増したことは、如何なる農業政策を講じたとしてもその限界があることは明らかである。

　また李明博（イ・ミョンバク）政権の農業政策を見ても、いくら効率的で儲かる農業を目指したとしても有効な政策を講じることができないことは誰でも分かることである。昨今の農業政策のみならず社会・経済政策そのものの限界は明らかである。「国益」という言葉が氾濫しているが、いまだからこそ国益とは何か、またそのような議論を抽象的レベルでの話で終わるのではなく、経済的利益を得る代わりに、農業部門で失われる損失もしっかり見極める必要性がある。韓・チリFTAの分析から明らかになったように、その経済的利益は永続的なものではなく、ただ工業製品の先発的利潤確保に過ぎない。その代償として韓国の農村は何を失っただろうか。「クオリティ・オブ・ライフ（Quality of life）」政策のように、福祉政策を講じたとしても、すでに農村には誰も住まなくなりつつある。「通勤型農業」を本気で考えるほど、韓国の農村には田・畑はあるが、人が住めない農村社会になりつつある。

　現在、日本が目指すTPPの先にあると考える日本の農村の将来の姿はきっと韓国農村のイメージではないだろう。

　であればこそ、今後、日本は、真の国益とは何か、またその国益を守るために、日本が取るべき行動は何かについて真剣に考える必要がある。

2．韓国農業の行方

　韓国農業は1993年のUR妥結以降、市場開放が本格化し、農家経済はもちろんのこと、農村地域に大きな影響を与えてきた。

　農水産物の輸入自由化水準は1995年時点ですでに94.5％であったものが2005年には99.1％となっており、米を除けばほとんど輸入自由化の影響を受けている[1]。

　本書は本来韓国農業がFTAによってどのような影響を受けるかについて論じることを目的にしていたが、著者が分析を行う過程で、韓国農業はすでに自由化の影響を受けておりそれは農業縮小の再生産過程に入っていることが確認できた。したがって韓・米FTAなどの農産物輸出国とのFTAはこの方向を一層加速化し、農業生産そのものの破壊へとつながると考える。

　当初韓・チリFTAの交渉を選んだ背景には、農業においては影響が少ないとの予測があったことや、政府から様々な政策支援によって農家経済および農村地域には大きな被害がないとの判断があったが、それでも本文で触れたようにFTA締結以降、3倍以上の輸入増加が生じた。

　しかし本書で分析したとおり、国内農業政策はさらなる規模拡大路線、または企業による農業参入などの単調な政策しか講じていない。農業生産における稲作経営はまだまだ大きな割合を占めており、大規模化が進まない限り、韓国農業の生産構造の画期的な改善は期待できない状況である。しかし借地の状況から分かるように高い地代やそれに伴う高米価政策、また高い転用収益による農地価格の高騰が続く限り、現実的に大規模化はほぼ不可能であるといえよう。

　日本がTPPに参加し、もし一気に自由化の方向に進むとすれば、農産物の需給構造は大きく変わることが予想される。それを犠牲にしてまでTPPを進めたときに、果たして日本農業はどうなるだろう。韓国および北朝鮮、中

1　韓国農林部「農林主要統計」から引用。

国などはすでに食料不足もしくは潜在的食料不足国になる可能性が高い。北東アジアにおける日本のリーダーシップが強く求められている昨今の国際政治・経済状況を勘案すれば、日本が有する転作部分を含む水田の生産力は北東アジアにとって最後の希望になる可能性さえ秘めている。

　これまで隣国である韓国の農業状況を概観したが、今後5年もしくは10年の間、このままの農業政策が進めば、韓国農業は破滅的な打撃を受けることがはっきりしてきているといえよう。その時には、北東アジアにおける食料事情は一気に悪化してしまう可能性がある。

　その時点では、食料供給能力を保持している国は日本しかないだろうと断言できる。TPP交渉を控えている日本にとっては、今現在は余裕のない話かもしれないが、農業陣営はTPP反対に全力を尽くすとともに、今後5年、10年後の北東アジアの食料事情についても戦略的な対応が必要であると考える。これまで30年あまり日本農政は圃場整備など農業構造改善政策を講じてきた。これは日本国内では辛らつな批判を受けてきたが、今から思えば、少なくとも潜在的な生産力の保持には成功したと言えるのではないだろうか。今後水田の転作部分を含めて総合的生産力を保持できる余地を残せば、農業分野を中心とした平和で安定した北東アジア経済の構築のために大きく貢献できる可能性は十分あると考える。したがって筆者が以前から指摘してきたアジア食料備蓄構想を含めて、日本は今後北東アジアを視野に入れてTPPやFTA政策を進めるべきであろう。

　TPPは、韓国や中国よりFTAで後れを取った日本が一発逆転を狙うために選択するといった性質のものではない。むしろ、日・中・韓FTAの推進を含めて、選択の幅を広げることが今必要ではないかと考える。

3．韓国の現実から何を学ぶべきか—展望に代えて

　韓国の高速鉄道KTXは、フランスのTGVの技術を導入し、営業運転での最高時速は305kmである。車内では無線LANでインターネットが自由に使え、

静かで快適な旅ができる。

その車窓から韓国の農村風景を眺めていると、地震国の日本ではあまり見かけることがない超高層マンション群が現れては消え、現れては消えといった具合に見える。

韓国では農地転用が盛んに行われている。韓国農林水産食品部による2009年の農地転用面積は2万2,680ha（前年1万8,215ha）に及ぶ。韓国の耕地面積は171万5,000ha程度（韓国統計庁「2010年耕地面積調査結果」）であるから1年で1％強もの転用が行われていることになる。2010年の農地転用の用途別では、道路・鉄道など公共施設が9,427ha（41.6％）、産業団地など工場建設が5,370ha（23.7％）である。ちなみに日本の耕地面積は460万9,000ha（2009年）で、農地転用面積は住宅用地が主で、なかには植林の面積も含まれるが、年に1万6,000ha程度（2008年は1万5,820ha）であるから年に約0.3％程度の減少である。韓国の農地転用がいかに凄まじい勢いかが分かる。

韓国農林部によると、2010年は4つの国家産業団地や一般産業団地の造成などで工場設置のための農地転用が前年比2倍以上増加したという。なお近年では宅地開発のための転用の伸びは鈍化している。

日本では、内閣府国家戦略室が中心となって「開国フォーラム」と銘打たれたTPPに向けた地ならしを目的とした各界の関係者の議論の場が、2011年2月26日の第1回さいたま会場でのフォーラムを皮切りに各地で開催されている。その配布資料はインターネットで入手することができる。「平成の開国と私たちの暮らし～農の再生と活力ある国づくりを目指して～参考資料」という配布資料を見てみよう。

「3-4　日本の産業は、世界各地で韓国や新興国の企業の追い上げを受けている。」という見出しで、「特に欧州では、韓EU間のEPA/FTAが発効すれば、『シェア逆転』→『背中が遠のく』品目も出てくる。」と畳みかける。次は「3-5　世界中で、中国・韓国等の企業が台頭している。」という具合だ。かなり浮き足立っていて、冷静な戦略思考が「国家戦略」室に欠落しているような雰囲気が感じられる。もう1つ「5-8　韓国のFTA関連農業政策」とい

終章　総括と展望

う見出しのページである。「韓国は、諸外国とのFTAに対応した国内農業の維持のため、『農業・農村総合対策』等を策定し、国内農業の競争力強化等に向けた対策を実施。」とし、基本的な事実確認を行わずに、「2003年11月『農業・農村総合対策』（中長期投融資計画）を策定。（事業規模119兆ウォン（約8.3兆円）（2004～13））」を掲げてしまっている。本書の第4章　補論でその事実誤認を指摘した。

　論理的でない、事実の裏づけもない、思いつき（のようにしか感じられない）「新成長戦略」という政策を国家が、「国家戦略」の名の下に、国民を欺いて遂行しようとしているのだとすれば恐ろしいことだ。

　資料には、「第3の開国」とは、「第一の開国（明治維新）」、「第二の開国（戦後復興）」、そしていま始めようとしているのが「第三の開国（現在）」だと書かれている。だが、第一の開国では、「不平等条約」の改正に苦しみ、ずいぶん背伸びをして苦しんだのではなかっただろうか。そもそも「第二の開国」の前提となるあの悲惨な戦争とはいったいどのようにして始まったのだろうか。政治もマスコミも事実を正しく伝えることなく、愛国心と自尊心をあおりたて、誰もが望まなかった結果を招いたからではなかったのか。

　自分は常に安全なところにいて、一部の国民が犠牲となってもしかたがないという為政者の「蛮勇」。また同じ失敗を繰り返すのだろうか。

　わが国の農業・農村に壊滅的な打撃を与えるだけでなく、この国のかたちそのものを破壊してしまう大失敗の後に「第四の開国（復興）」がうまく行くだろうか。

　本書では、韓国農畜産業と農村の現実をできるかぎり網羅し、客観的なデータを示した。

　拙速に政治的な決断を下して手遅れとなる前に、是非とも広く読んでいただきたいと願っている。

　TPP問題で騒然としているなかで、2011年3月4日に全国農業協同組合中央会は、「農業復権に向けたJAグループの取り組みと政策提言案＝組織討議資料＝」を公表した。

5年後の農業の将来像として1集落（20～30ha）に1経営体を育成することなど、これからの進むべき道を明確にしている。集落を越え規模拡大を図る経営も多いから単純ではないだろう。ただ、水田農業のあるべき規模を初めて示したことで今後具体的な議論が行われるきっかけになるだろう。もちろんこれは国境措置を前提にして、規模拡大や価格競争一辺倒ではなく、地域の実情に応じて資源を適切に維持・活用する農業の持続的な発展方向を示したものである。

　ぜひとも、韓国農業・農村の現実を他山の石として、東アジアの安定と成長のために日本の「食料供給能力」をこれからも保持し、近未来への備えとして生かしていこうではないか。

（追記）本書出版の直前に東日本大震災が発生した。まだ余震と原子力発電所事故の混乱が続いている。犠牲になられた方々に哀悼の意を表するとともに、被災者の皆様が一日も早く平穏な生活を取り戻すことができるように祈っている。

あとがき

　本書は、JC総研（旧JA総合研究所）の「韓国農業・農協研究会」での成果と、編著者の柳がここ数年間に書いた論文・総論などをまとめたものであるが、年月が経ち、データが古くなったため、ほとんどが今回の書き下ろしと言える。以下、参考までに初出誌と題名を掲げ、各章との関係を示しておきたい。

序　章　柳京熙・吉田成雄（書き下ろし）。
第１章　黄永模・柳京熙「韓国農政の最新動向と農業協同組合改革」『経営実務』全国協同出版、2009年11月（一部、書下ろし）。
第２章　姜瞳求・柳京熙「米韓FTAにおける農業保護から自由化への転換に関する研究」南九州大学研究報告第38B号、2008年１月29日受理。
第３章　柳京熙「韓国の対チリFTA－その内容と農業支援策－」『農林経済』第9661号、時事通信、2004年12月13日、柳京熙「米産牛肉の輸入再開で韓国が混乱」『農林経済』第9955号、時事通信、2008年６月19日（一部書き下ろし）。
第４章　柳京熙・李裕敬「FTAを先行した韓国農業の現状と日本農業への示唆」『JC総研レポート』特別号、2011年３月。
第５章　黄盛壹・柳京熙（書き下ろし）。
第６章　柳京熙「韓国における肉牛・酪農の需給構造」『畜産の研究』養賢堂、2004年11月（一部、書き下ろし）。
第７章　柳京熙「韓国における養豚産業の現状－対日輸出との関連からの考察－」『畜産の研究』養賢堂、2004年10月（一部、書き下ろし）。
第８章　姜瞳求・柳京熙（書き下ろし）。

233

終　章　柳京熙・吉田成雄（書き下ろし）。

　本書はJC総研基礎研究部の主任研究員柳京熙と基礎研究部長吉田成雄との共同編著である。吉田部長には本書作成に当たって、企画から出版に至るまでのすべての業務を担当する一方、細部にわたって目を通していただき、日本語の文章修正はもちろんのこと、序章と終章にも編著代表の１人として原稿執筆にも加わっていただいた。ここに深く謝意を表したい。

　韓国の全北大学修士課程の黄盛壹君は修士論文作成中にも関わらず原稿依頼を快く引き受けていただき、大変迷惑をかけてしまった点、この場を借りてお詫びしたい。原稿作成を契機に研究者として道を歩むことになったことは拙者としても大変喜ばしいことである。また東京農業大学の李裕敬氏にはJC総研のインターン（国立大学法人東京農工大学アグロイノベーション研究生・実務研修プログラム）として加わっていただき、原稿の作成とは別に様々な雑務を快く引き受けていただき、本書作成にあたって大きな戦力となった。ここで深くお礼を申し上げたい。韓国の（社団法人）地域農業研究院の黄永模氏は韓国調査をはじめ、統計書や文献提供とする様々な協力をいただいた。また研究を進める上でも貴重な助言とご尽力をいただいた。心より厚くお礼を申し上げたい。また、JC総研の黒滝達夫常務理事は実務者でありながら、研究への深い愛情を持ち、本書の出版の労をとっていただいた。ここに深く謝意を表したい。またいつも激励と刺激を与えてくれた研究所の諸研究員をはじめ、調査を受け入れて下さった韓国の農協および関係機関の方々には大変お世話になった。皆様にこの場を借りて心よりお礼を申し上げたい。

　最後になったが、いつも私の研究活動を支えてくれながら2010年４月に亡くなった母に感謝を捧げることをお許しいただきたい。

2011年３月
神保町にて　編著者代表　柳　京　熙

[編著者略歴]

編著者代表
柳　京熙（ユウ　キョンヒ）
博士（農学）
酪農学園大学　酪農学部　食品流通学科　准教授

1970年生まれ
1999年　　　北海道大学大学院農学研究科博士後期課程農業経済学専攻修了
1999年4月　北海道大学大学院農学部外国人研究員
2000年3月　北海道栗山町農政課嘱託研究員
2001年1月　科学技術振興事業財団特別研究員（農林水産省農業総合研究所勤務）
2004年10月　日本学術振興会外国人特別研究員（農林水産省農林水産政策研究所勤務）
2007年1月　JA総合研究所（現JC総研）主任研究員
2011年4月より現職

担当：はしがき、序章、第1、2、3、4、5、6、7、8章、終章、あとがき
関心分野：農業市場、協同組合、農政学など
代表的著書・論文：「米韓FTA交渉における韓国政府の農業の位置づけを検証する－日本が韓国の轍を踏まないために－」『TPP反対の大義』（農文協ブックレット）、農山漁村文化協会（農文協）、2010年
『韓国園芸産業の発展過程』（共著）筑波書房、2009年
「第1章　食品循環資源の飼料化による経済的効果」『エコフィードの活用促進―食品循環資源飼料化のリサイクル・チャネル－』農山漁村文化協会（農文協）、2010年
『和牛子牛の市場構造と産地対応の変化』（単著）筑波書房、2001年

吉田　成雄（よしだ　しげお）
社団法人JC総研　基礎研究部長　主席研究員

1959年生まれ
1983年　　　宇都宮大学農学部農業経済学科卒業
1983年4月　農林水産省入省、食品流通局市場課
1984年11月　経済企画庁国民生活局国民生活調査課へ出向
1987年4月　農林水産省大臣官房企画室価格政策班
1989年2月　経済局農業協同組合課
1991年4月　農林水産省退職
1991年5月　全国農業協同組合中央会入会
2000年11月　教育部・JA全国教育センター総務管理課長
2005年4月　総務企画部中央会体制整備推進室・室次長
2005年8月　総務企画部企画室・室次長
2006年4月　社団法人JA総合研究所企画総務部長（出向）
2006年12月　協同組合研究部長　兼企画総務部付（企画担当）
2008年4月　基礎研究部長　兼企画総務部付（企画担当）

2009年5月　基礎研究部長　兼企画総務部付（企画担当）主席研究員
2011年1月　財団法人協同組合経営研究所を吸収合併し社団法人JC総研（Japan-Cooperative General Research Institute）発足により現職

担当：序章、終章（柳京熙との共著）

姜　曒求（カン　キョンク）
博士（農学）
南九州大学　環境園芸学部　教授

1961年生まれ
1997年　　　北海道大学大学院農学研究科博士後期課程農業経済学専攻修了
1997年4月　北海道大学大学院農学部外国研究員
1998年4月　南九州大学園芸学部農業経済学科講師
2010年4月より現職

担当：第2、8章（柳京熙との共著）
代表的著書・論文：『韓国園芸産業の発展過程』（共著）筑波書房、2009年
関心分野：中国経済、地域経済、開発経済

黄　永模（ファン　ヨンモ）
博士（経済学）
（社団法人）地域農業研究院　政策企画室長

1972年生まれ
1998年　　　韓国慶熙大学校英語英文学科卒業
1998年2月　韓国全国農民会総連盟政策担当
2008年　　　韓国全北大学校大学院農業経済学科博士課程修了
2009年3月　北海道大学大学院農学部研究員
2005年1月より現職

担当：第1章（柳京熙との共著）
関心分野：農業経営、地域経済、人材育成

李　裕敬（イ　ユギョン）
東京農業大学大学院農学研究科博士後期課程国際バイオビジネス学専攻

1981年生まれ
2005年　　　国立慶北大学校農業生命科学大学農業経済学科卒業
2007年　　　東京農業大学国際食料情報学部生物企業情報学科卒業（2003年から交換学生として派遣）

著者略歴

2009年　　同大学院農学研究科国際バイオビジネス学専攻博士前期課程卒業
2011年　　同大学院農学研究科国際バイオビジネス学専攻博士後期課程在学

担当：第4章（柳京熙との共著）
代表的著書・論文：「韓国における大規模稲作農家の存立条件－韓国慶尚北道慶州市安康平野を事例に－」『日本農業経済学会論文集』、日本農業経済学会、2010年
柳京熙・李裕敬「FTAを先行した韓国農業の現状と日本農業への示唆」『JC総研レポート』特別号、2011年3月

黄　盛壹（ファン　ソンイル）
韓国全北大学校大学院農業経済学科修士課程

1980年生まれ
2009年　　韓国全北大学地域建設工学科/農業経済学科卒業（複数専攻）

担当：第5章（柳京熙との共著）

韓国のFTA戦略と日本農業への示唆

2011年5月10日　第1版第1刷発行
2012年4月5日　第1版第2刷発行

　　　　　編著者　柳　　京熙・吉田成雄
　　　　　発行者　鶴見治彦
　　　　　発行所　筑波書房
　　　　　　　　　東京都新宿区神楽坂2－19 銀鈴会館
　　　　　　　　　〒162－0825
　　　　　　　　　電話03（3267）8599
　　　　　　　　　郵便振替00150－3－39715
　　　　　　　　　http://www.tsukuba-shobo.co.jp
　　　　　定価はカバーに表示してあります

印刷／製本　平河工業社
©You Gyung Hee, Shigeo Yoshida 2011　Printed in Japan
ISBN978-4-8119-0385-9 C3033